U0180841

建筑应用创新大奖
获奖工程集锦

（2020—2021 年度）

建筑应用创新大奖组委会　**组织编写**

中国建筑工业出版社

图书在版编目（CIP）数据

建筑应用创新大奖获奖工程集锦：2020—2021年度 /
建筑应用创新大奖组委会组织编写. —北京：中国建筑
工业出版社，2022.8
ISBN 978-7-112-27694-3

Ⅰ.①建… Ⅱ.①建… Ⅲ.①建筑设计—作品集—中
国—现代 Ⅳ.①TU206

中国版本图书馆CIP数据核字（2022）第138402号

责任编辑：李　慧
责任校对：张慧雯

建筑应用创新大奖获奖工程集锦（2020—2021年度）
建筑应用创新大奖组委会　组织编写
*
中国建筑工业出版社出版、发行（北京海淀三里河路9号）
各地新华书店、建筑书店经销
北京锋尚制版有限公司制版
北京富诚彩色印刷有限公司印刷
*
开本：965毫米×1270毫米　1/16　印张：10¾　字数：388千字
2022年10月第一版　　2022年10月第一次印刷
定价：**218.00**元
ISBN 978-7-112-27694-3
（39796）

建筑应用创新大奖（2020—2021年度）评审委员会

轮值主席：
庄惟敏

主席团：
庄惟敏　毛志兵　杜修力　刘加平　吴　晞　侯建群
曾令荣　李　兵　武发德　王　蕴　肖　力　陈　璐

综合创新类
主　任： 毛志兵
副主任： 王清勤　方东平　周文连　胡德均

单项创新类
主　任： 吴　晞
副主任： 薛　刚　梁　军　侯建群　蒋　荃　王　越

监察委员会：
赵福明　李静华　苏晨辉

本书编委会

主编单位：
国家建筑材料展贸中心

顾　问： 庄惟敏　毛志兵
主　任： 屈交胜
副主任： 杨　勇　刘泽宇　曹海全
主　编： 刘秀明
副主编： 李　雪　尚　红　孟郁莎
设　计： 赵金辉

支持单位：
中国土木工程学会总工程师工作委员会
中国建筑科学研究院有限公司
清华大学
中国建筑标准设计研究院有限公司
中国建筑材料工业规划研究院

前 言

2020年10月29日，中国共产党第十九届中央委员会第五次全体会议审议通过了《中央关于制定国民经济和社会发展第十四个五年规划和二〇三五年远景目标的建议》。十四五规划明确提出了"坚持创新驱动发展　全面塑造发展新优势""完善科技创新体制机制""提升企业技术创新能力，推动产业链上中下游、大中小企业融通创新""推动生产性服务业融合化发展"。同时"落实2030年应对气候变化国家自主贡献目标，制定2030年前碳排放达峰行动方案"。"锚定努力争取2060年前实现碳中和，采取更加有力的政策和措施。"

"建筑应用创新大奖"是中共中央办公厅、国务院办公厅审核批准的全国评比达标表彰保留项目（全国评比达标表彰工作协调小组办公室2015年8月颁布），"建筑应用创新大奖"（2020—2021年度）评审方案获得了国家人力资源和社会保障部审核和备案。

国家建筑材料展贸中心以"建筑应用创新引领建筑、建材行业融通创新、融合发展新时代"为主题，举办"建筑应用创新大奖"（2020—2021年度）评比表彰活动，旨在贯彻和落实国家"十四五"发展规划和"碳达峰、碳中和"双碳目标，打造建筑、建材行业融通创新、融合发展的创新服务平台。这也是主办单位国家建筑材料展贸中心作为国家级事业单位公益性属性的体现。

"建筑应用创新大奖"（2020—2021年度）经过自愿（推荐）申报、资格审查、专业组初审、终评会议评审、大奖组委会审核以及公示等环节，最终有80个优秀项目获得表彰。为表彰先进、树立典型、扩大宣传、促进交流，我们编撰出版《建筑应用创新大奖获奖工程集锦（2020—2021年度）》，对获奖项目进行了简要介绍，并配用了代表性图片，以便读者更为直观地领略获奖项目之精髓。另外，我们希望借助此集锦的发行，赢得更多建筑、建材领域的行业专家对"建筑应用创新大奖"进一步了解、支持、参与。推动建筑、建材行业不断增强融通创新能力、加快融合发展步伐，不断提升企业竞争力和影响力，助力建筑应用从"制造赋能"向"创新赋能"的转变，为实现双碳目标贡献应有的力量。

在此，向为集锦提供支持的获奖单位、个人以及为作品集的编撰提供指导的领导、专家表示诚挚的感谢。

建筑应用创新大奖组委会

建筑应用创新大奖简介

　　"建筑应用创新大奖"（Architectural Application Innovation Award）是经中共中央办公厅、国务院办公厅审核批准的全国评比达标表彰保留项目，名列中央国家机关保留项目第380项（详见《全国评比达标表彰保留项目目录》，全国评比达标表彰工作协调小组办公室2015年8月颁布），与"鲁班奖""詹天佑奖""国家优质工程奖""广厦奖""梁思成建筑奖""中国建筑工程装饰奖"等同在一个目录。

　　建筑应用创新大奖创建于2006年9月，"第十二届亚洲建筑师大会"及"2006亚洲建筑展"在北京胜利召开，为了促进建筑与建材两大行业的互动交流，提高我国建筑业和建材业的整体创新水平，国家建筑材料展贸中心和中国建筑学会共同发起了"2006中国建筑应用创新大奖"评选活动。作为国家级公益性评比表彰活动，因其公开、公平、公正和专业性而备受建筑施工、建材生产、建筑设计、设备设施、运营管理等企业及科研院所、高等院校的青睐与认可，最终被保留在《全国评比达标表彰保留项目目录》，大奖的名称最终核定为"建筑应用创新大奖"（以下简称"大奖"）。作为国务院国有资产监督管理委员会直属事业单位的国家建筑材料展贸中心（以下简称"中心"）成为大奖的主办单位。

　　中心以"建筑应用创新引领行业融通创新　融合发展新时代"为主题，举办大奖评比表彰活动，旨在深入贯彻和落实国家"十四五"规划和双碳目标，坚持创新驱动发展，推动绿色低碳发展，全面塑造发展新优势；"建筑应用创新大奖"是建筑、建材行业融通创新、融合发展的创新服务平台。

　　为做好大奖的评审组织工作，中心特成立了建筑应用创新大奖组委会，常设评审管理办公室，并组织了建筑、建材行业等企业，以及科研院所、高等院校具有高级技术职称的行业专家成立了专家委员会；同时邀请了清华大学、中国建筑科学研究院有限公司、中国建筑标准研究设计院有限公司、中国建筑材料科学研究总院等机构知名专家成立了评审委员会；另外聘请了中国建筑业协会、中国土木工程学会、中国勘察设计协会的专家成立了监察委员会，保证了大奖的公开、公平、公正、合规、权威。

　　大奖的参评对象主要为在建筑工程中有应用创新的建筑施工、建材生产、建筑设计、设备设施、BIM及信息应用、运营管理等企业及科研院所、高等院校或个人，鼓励产、学、研、用协同创新、联合申报。

　　大奖的参评范围是应用在工程项目中的新材料、新技术、新工艺、新设备、BIM及信息应用、运营管理等单项创新成果，以及上述多项创新应用于同一项目的综合应用。

大奖的参评要求主要包含以下几点：

1. 坚持以习近平新时代中国特色社会主义思想为指导，贯彻、落实党的方针和政策，增强"四个意识"、坚定"四个自信"、做到"两个维护"。

2. 符合国家相关法律法规和工程建设强制性标准规范；

3. 贯彻"适用、经济、绿色、美观"的建筑方针，突出建筑使用基础功能，推动"双碳"目标的落实。

4. 注重整体创新、管理创新、设计创新、施工创新、技术创新、材料创新、工艺创新、智能建造、运营创新等，居国际、国内同行领先水平，且应用恰当、合理，并有效推动工程项目高质量完成。

5. 在经济效益、环境效益、社会责任等方面具有行业引领性，且无质量、信用等问题，拥有良好业内评价和市场认知度；

6. 项目竣工验收合格满一年（国家重点、重大工程等除外）；

7. 申报同类别（综合类和单项类）项目不得超过二个，单项类以品类申报总数之和为准；

8. 两个或两个以上单位共同完成的项目，由项目主持单位或第一完成单位与其他完成单位协商一致后申报。

大奖坚持采取自愿报名、行业组织推荐、专家组提名、省市科协推荐等参评方式，参评单位登录建筑应用创新大奖官网（www.cbmea.com），点击"报名/登录"进入申报系统注册，填写申报资料。

大奖评审过程包含报名组织、资格预审、初评入围、入围公示、现场复核、大奖终评、获奖公示7个阶段。

根据中共中央办公厅、国务院办公厅印发的《评比达标表彰活动管理办法》（中办发〔2018〕69号)以及《全国评比达标表彰保留项目目录》规定，大奖每两年评选一届，每届表彰数量为80个。对获奖单位统一授予"建筑应用创新大奖"奖杯及证书，不设金、银、铜奖，也不设一、二、三等奖。

目 录

» 综合应用创新类

» 单项应用创新类

装配式建筑应用创新类

建筑材料应用创新类

建筑部品部件应用创新类

综合应用
创新类

成都大魔方演艺中心项目

供稿单位 中国五冶集团有限公司

项目介绍

成都大魔方演艺中心项目位于成都市天府新广场中轴线上，是国内首个自主设计的大型现代化室内文艺演艺兼具体育竞技功能的场馆，是成都打造"五中心一枢纽"的文创中心和面向世界的国际交流平台。项目于2011年9月1日开工，2017年3月18日竣工，工程决算10.25亿元。

成都大魔方演艺中心项目总建筑面积约10.3万m²，地下共2层，地上共6层，建筑高度46.6m，平面近似椭圆，东西轴直径148m、南北轴直径152m；结构为框架-剪力墙，结构从三层开始逐层向外悬挑，采用33榀巨型悬挑预应力径向框架与环向框架梁连成一体，悬挑斜圆柱最长约32m，水平投影达20m；屋盖结构为三榀巨型预应力钢桁架与径向、环向、尾部钢桁架共同组成8m高的空间钢桁架，重量达2300t。

成都大魔方演艺中心项目全景

科技创新与新技术应用

1 研发了装配式、标准化、模块化的工作平台，形成了集重型外挑混凝土结构模板支撑、自由曲面幕墙安装及安全防护一体化的施工技术，解决了采用脚手架方案安全风险高、工作量大和不同阶段反复搭建支撑导致造价高等问题。研究成果形成发明专利4项、实用新型专利10项，工法1项，论文2篇。

2 提出了大跨度预应力空间钢桁架屋盖整体提升与分阶段同步等比卸载技术，实现了复杂预应力桁架钢屋盖快速提升与等效静态安全卸载。研究成果形成发明专利3项，实用新型专利7项，工法1项。

3 开发了封闭受限空间内预制部件快速输运技术，解决了封闭室内空间大型预制部件的快速输运及安装难题。研究成果形成发明专利5项，实用新型专利11项，工法1项，论文1篇。

项目获奖情况

- 2021年度
  四川省人民政府科学技术二等奖
- 2021年度
  中国施工企业管理协会工程建设科学技术进步奖二等奖
- 2018—2019年度
  国家优质工程奖
- 2018年度
  四川省建筑业新技术应用示范工程
- 2018年度
  四川省优质钢结构工程奖
- 2014年度
  中冶集团科技进步奖二等奖

模块化的一体化工作平台

工作平台应用重型悬挑结构支撑

附着式缆索吊应用看台安装效果

工作平台应用幕墙安装

预应力空间钢桁架屋盖整体提升

工程实景

预应力钢桁架屋盖提升实时检测

附着式缆索吊应用预制构件安装

工程夜景

洛阳市隋唐洛阳城应天门遗址保护展示工程

供稿单位 河南六建建筑集团有限公司 ——————————————————————

项目介绍

　　洛阳市隋唐洛阳城应天门遗址保护展示工程位于洛阳市凯旋路与定鼎路交叉口，原隋唐故城应天门遗址之上。本工程于2016年10月26日开工，2019年5月30日竣工，工程造价5.1亿元，是一座集遗址保护、文物展示、艺术展览与旅游观光于一体的国家级大遗址保护建筑，其"一带双向三出阙"的形制为古代宫城城门最高礼制。此项工程是落实习近平总书记"树立文化自信""让地下的遗址活起来"传承中华文明优秀文化的重要实践，是"十三五"期间洛阳市打造国际文化旅游名城的重大工程。

　　隋唐洛阳城应天门遗址保护展示工程由城楼、朵楼、阙楼及连廊组成仿古风格建筑群，总建筑面积30080m²，最大高度50.1m，建筑外观为地上四层，青砖铜瓦、重檐庑殿、一带双向三出阙，建筑气势雄伟。工程采用大跨度结构跨遗址核心区而建，由钢结构框架柱和斜撑组成了空间桁架转换层支撑上部框架结构，形成遗址区大跨度展示空间，转换桁架层下部通过大型箱型斜柱支撑于桩基础承台，基础承台之间通过顶管下穿遗址连接，在顶管内穿入钢绞线预应力系统平衡斜柱柱脚水平推力，使结构平面上处于自平衡状态。斜柱外围采用1∶4钢筋混凝土斜墙与钢结构形成组合结构，外饰面以斜砌仿古城墙砖构成古城墙，将土遗址罩在建筑内部。斗栱、柱、枋等古建结构构件，门、窗、栏杆等古建功能性构件均采用装配式铜质构件进行装饰。工程下部采用54个预应力顶管梁，24个大型7向复杂铸钢节点，钢结构用钢量约10400t，仿古城墙砖76.5万块，采用各类铜装饰300余t，是国内最大的铜装饰仿古建筑之一。

隋唐洛阳城应天门遗址保护展示工程2020年中秋晚会烟花表演

科技创新与新技术应用

1 研究开发36m预应力顶管梁施工技术，解决了超长基础预应力梁施工难题。研究成果形成发明专利1项，工法4项，论文2篇。

2 提出了基础预应力随主体结构施工分阶段张拉施工技术，实现了基础预应力分阶段平衡上部结构产生的水平力推力，保证基础桩身不会因结构自重产生的水平力或预应力荷载增加不当造成破坏。研究成果形成发明专利1项，工法1项，论文2篇。

3 总结开发了基于仿古钢结构基层铜瓦屋面施工方法，解决了"一带双向三出阙"复杂空间造型仿古屋面瓦的排布难题。研究成果形成发明专利2项，实用新型专利10项，工法1项。

项目获奖情况

- 2020年度
  河南省土木建筑科学技术奖
- 2020年度
  河南省建设工程中州杯奖（省优质工程）
- 2019年度
  中国钢结构金奖
- 2020—2021年度
  中国建设工程鲁班奖
- 2020—2021年度
  建筑应用创新大奖

承台内嵌钢柱脚

主城楼跨越遗址钢结构施工

仿古木椽喷漆施工

阙楼屋面铜瓦安装

大跨度转换层施工

铜饰木椽相结合

序厅大堂铜装饰吊顶

紫薇观铜装吊顶

实景图

哈尔滨万达文化旅游城产业综合体——万达茂项目

供稿单位　中建二局第四建筑工程有限公司

项目介绍

哈尔滨万达文化旅游城产业综合体——万达茂项目位于我国最北部的国家级新区——哈尔滨新区，于2014年1月30日开工，2017年6月6日竣工，工程决算55亿元，建筑总面积36.82万m²，建筑高度119.6m，其中室内滑雪场面积8万m²，为重载大跨、大落差的钢结构，是区域建筑体量大、品牌影响力强的代表性文体商业综合体特色项目，并同时创下建筑面积和雪道数量、落差、最大坡度4项室内滑雪场世界之最，是已载入吉尼斯纪录的最大室内滑雪场，并配套设有室内滑冰场、冰壶馆、电影科技乐园、商业步行街等。本工程突破了滑雪运动的地域性、气候性限制，可全年候、全时段举行各类专业冰雪比赛及训练，实现全民便捷滑雪，现已成为哈尔滨的地标及新中心。

科技创新与新技术应用

本项目研发了严寒地区大型室内滑雪场关键技术，共形成专利27项（其中发明专利9项），省部级工法7项，论文26篇（其中核心期刊13篇，国外SCI1篇）。

1 自主研发了大倾角巨型框架结构体系和"纵向框架+粘滞阻尼器"的支承能耗系统，实现了上部钢结构和下部混凝土结构之间的刚度匹配，提高了结构抗震性能。

2 提出了大倾角巨型框架结构抗震扭转效应计算及适应大温差和低温环境的结构设计技术，填补了理论空白。

3 创新提出大跨钢结构大倾角带支架滑移技术，实现国内外首例高空变坡度长距离累积滑移高效施工。

万达茂项目实景

4 创新研发应用了一种用于约束被提升结构水平晃动的智能控制系统，大幅降低提升架顶端水平荷载。

5 创新研发出大倾角、大面积、多层复合雪道层施工技术和新型防滑防开裂构造方法及技术。

6 研发出大空间、大落差、多目标的环境营造技术及制冷系统废热回收技术。

项目获奖情况

- 2015年度
  中国钢结构金奖年度杰出工程大奖

- 2018—2019年度
  中国建设工程鲁班奖

- 2018—2019年度
  国家优质工程金奖

- 2019年度
  中国施工企业管理协会科学技术进步奖一等奖

- 住房和城乡建设部绿色施工科技示范工程优秀项目

大跨钢结构大倾角带支架滑移

大跨屋盖跨中两点式有约束提升技术

大倾角巨型框架结构体系和"纵向框架+粘滞阻尼器"的支承耗能系统

滑雪场内部照片

雪道照片

工程南立面

西安交通大学科技创新港科创基地项目

供稿单位 陕西建工集团股份有限公司 ——————

项目介绍

西安交通大学科技创新港科创基地项目，是国家建设世界一流大学、一流学科、一流科研平台的重点建设项目，是弘扬"西迁精神"重要载体，承载着国家"一带一路、创新驱动、西部大开发"使命。项目位于陕西省西咸新区沣西新城中国西部科技创新港，占地1750亩，总建筑面积159.44万m²，包括52个单体及配套市政园林工程，于2017年3月25日开工，2019年6月12日竣工交付。

项目聚焦新能源、新材料、装备制造、航空航天、大数据、生态环保、生物医学、高端智库等领域，建成了300多个国家级、省级科研平台，设立大型仪器设备共享实验中心，高性能计算机，生物医学研究中心，是我国首个一次建成规模最大的集科研教学、高新企业孵化、科技成果转化、高端人才培养、核心技术研发等为一体的大型智慧学镇。

创新港中轴线西迁大道

西安交通大学科技创新港科创基地项目全景

科技创新与新技术应用

1 首创中深层地热地埋管管群供热系统成套技术，攻克了国内首个规模最大的地热能供热难题，达到国际领先水平，获2021年度中国施工企业管理协会工程建设科技进步一等奖。

2 研发出西北半干旱地区海绵城市建设成套技术，建成了西部最大的城市雨水回收系统和生态湿地，达到国内领先水平，获2021年度中国施工企业管理协会工程建设科学技术进步二等奖。

3 首创新型宽带移动网络业务协同与智能控制关键技术，构建全国首个5G智慧学镇，达到国际领先水平，获2020年度陕西省政府科学技术进步一等奖。

4 研发出特殊结构施工及超长混凝土结构防裂控制等关键技术、装配式结构创新技术、装饰工程创新做法、建筑机电安装工程创新技术，填补了行业多项空白，形成多项发明专利及创新工艺做法，获陕建协建设工程科学技术进步二等奖4项。

5 创新超大规模群体工程EPC项目管理模式，形成项目集群管理新理论，达到国际先进水平。

6 应用建筑业新技术10大项49小项，达到国内领先水平。

项目获奖情况

- 2021年度
  国家优质工程金奖
- 2020年度
  中国建设工程鲁班奖
- 2021年度
  中国建筑工程装饰奖

- 2020年度
  中国安装工程优质奖（中国安装之星）
- 2020年度
  中国风景学会科学技术奖（园林工程奖）
- 2020年度
  陕西省建设工程长安杯奖

创新港2#、3#科研教学楼

创新港5#文科楼

创新港博硕学生工位

创新港科研教学实验室

创新港新风机组安装

创新港走廊管道明装便于增容及维修

创新港立体绿化种植屋面

"芙蓉花"状双曲异形剧院工程施工技术与应用

供稿单位 北京城建集团有限责任公司 ——————

项目介绍

　　长沙梅溪湖国际文化艺术中心工程属湖南省地标性建筑，位于岳麓区梅溪湖畔，是集大型歌舞话剧、交响乐、艺术表演、展览交流等多功能于一体的高雅文化艺术殿堂。外造型犹如绽放的"芙蓉花"，飘逸的造型将三个独立的建筑合而为一，与梅溪湖融为一体，是人文景观与自然生态的完美结合，工程于2018年6月4日竣工，现已成为全国领先、国际一流的高雅文化艺术殿堂。

　　工程总建筑面积12.6万m²，工程总造价约为28亿元，地上由1800座位的大剧院、500座位的小剧场、逾10000m²展厅的艺术馆三个单体组成，地下一层连为一个整体，建筑最高点为52.12m。

科技创新与新技术应用

1. 研发出双曲单层网壳结构体系的分区安装卸载、整体合拢技术，解决了大体量双曲单层网壳结构安装技术难题，研究成果形成发明专利1项，工法1项，论文2篇。

2. 研发出倾斜式钢结构免支撑安装技术，确保了钢结构精准稳固安装，研究成果形成发明专利1项，工法1项，论文1篇。

3. 针对任意曲面GRC（玻璃纤维增强混凝土）幕墙制作及安装技术难题，发明了装配式GRC安装技术，实现了异形GRC幕墙高精度加工制作、高精度、全栓接、可调节、可

梅溪湖国际文化艺术中心鸟瞰图

拆卸安装，研究成果形成发明专利4项，工法4项，论文5篇。

4 研发了非对称复杂空间的声学控制技术，实现了特殊建筑形体、界面对声学性能的设计要求，研究成果形成实用新型专利2项，工法2项，论文1篇。

5 开发了基于云微信平台的三维可视化GRC信息管理系统，实现了设计、制造、安装和运维的数据共享，研究成果形成发明专利1项，软件著作权1项，工法1项。

项目获奖情况

- 2020—2021年度
  国家优质工程奖
- 2021年度
  建筑装饰行业科学技术奖
- 2020年度
  中国施工企业管理协会工程建设科学技术进步奖
- 2019年度
  北京市科学技术奖三等奖
- 2016年度
  中国施工企业管理协会科学技术奖科技创新成果一等奖

幕墙龙骨安装

倾斜式钢结构施工过程　　　　　GRC幕墙安装

室内前厅内装　　　　　室内观众厅内装

项目夜景

成都博物馆新馆项目+全系统隔震防震技术

供稿单位　中国建筑第二工程局有限公司 ——————————————

项目介绍

　　成都博物馆新馆位于天府广场西侧，是国内首个进行文物安全防震设计的博物馆。总建筑面积6.5万m²，地下共5层、地上共9层，建筑高度46.88m；分为南翼、北翼两部分，分别设有行政办公区、学术报告厅等9个功能区；基础为筏板基础，是目前唯一采用混凝土核心筒+钢框架+钢网格为结构体系的博物馆；博物馆外立面为铜板+铜网+玻璃幕墙，是世界上最大的盒体铜板幕墙建筑；室内采用轻质隔墙板和干挂石材装配装饰，机电系统包括21个系统，37个子系统；整个设计绿色环保，技术先进合理，是一座集装配、智能、绿色的特大型综合博物馆。本项目地处国家地震重点监视防御区，储藏大量珍贵文物、贵重藏品，工程设计造型新颖、绿色环保，具有很强的创新性。

成都博物馆新馆东侧全景

科技创新与新技术应用

1 整体隔震的混合结构体系创新：采取钢弹簧浮置板和隔震沟双重措施，减少地铁振动对结构和馆藏文物影响；构建整体隔震的钢筋混凝土核心筒+钢框架+外壳钢网格组合空间结构体系，使建筑造型功能与结构力学安全同步实现。

2 整体隔震博物馆建设关键技术创新：研发出新型隔震支座抗拉装置，采用馆舍结构扭转效应控制措施，系统解决了隔震层抗拉、防震扭转效应控制技术难题；开发出超深隔震沟关键技术措施，深化、优化复杂节点工艺，解决了双层永久护壁墙与结构外墙形成的超深隔震沟有限空间施工难题；开发多规格、组合隔震支座标高、轴线、平整度等高精度安装技术，解决了超深隔震层安装难题。

3 复杂造型铜材幕墙系统施工创新技术：研发出复杂异型结构盒体超薄金铜板幕墙构造设计及安装工艺，保证了不规则折叠铜板、铜网安装及开放式幕墙质量，很好地实现了结构抗震目标。

项目获奖情况

- 2017年度
  中国钢结构金奖
- 2016—2017年度
  中国建设工程鲁班奖
- 2017年度
  四川省建设工程天府杯（四川省优质工程）
- 2017年度
  全国建筑业绿色施工示范工程
- 2017年度
  全国优秀工程勘察设计行业奖优秀建筑工程设计奖
- 2017年度
  四川省建筑业新技术应用示范工程
- 2019年
  第十七届中国土木工程詹天佑奖
- 2018年度
  四川土木工程李冰奖

抗拉装置

隔震支座压剪试验

钢框架、钢网格节点

铜板幕墙施工

轻质隔墙板+干法装修

大空间大厅

国贸三期B工程

供稿单位 中建一局集团建设发展有限公司 ——————————

项目介绍

国贸三期B工程位于北京市朝阳区CBD核心区，毗邻中央电视台总部大楼，由中国国际贸易股份有限公司投资建造，是集办公、酒店与商业于一体的大型综合体项目。工程建成后与一期（1990）、二期（1999）及三期A（2010）组成全球规模最大的世界贸易中心。

本项目占地面积1.9万m²，总建筑面积22.3万m²，分为主塔楼（3BN）、商业裙楼（3BS）及地下室三个部分。地下室共4层，为停车库、设备房及战时人防区等，B1层为商业，基坑开挖深度28m。3BN酒店裙楼地上共5层，高25m；3BS商业裙楼地上共7层，高46m，市政道路从3BS首层穿过，3BS南侧与国贸二期大楼之间道路（国贸二期消防通道）下方为3BS地下S4段结构范围。3BN主塔楼地上59层，高295.6m。

国贸三期B工程全景

科技创新与新技术应用

1 建筑布局优化、电梯高位转换、核心筒激光竖向传递和自动精密光栅捕捉等技术紧密结合，成功降低了超高建筑"烟囱"效应。

2 复杂城市环境地下空间开发技术与风险管控，实现整个国贸地块的互联互通和人车分流，并与地铁无缝衔接，极大疏解区域交通压力。

3 首次创新应用超高结构基础沉降和竖向压缩相结合的变形补偿技术，实现精确建造。

4 自主研发内筒、外框同芯高精控制技术，借助三维数字扫描和BIM实时模拟，实现主楼钢桁架、V型柱等复杂钢构的精准定位和安装。

5 城市中心区超高建筑施工安全管控综合技术。主楼全方位多层次立体式安全防护体系实现施工过程"零"伤亡。

6 工程地理位置特殊、环境复杂，通过BIM、物联网、云平台等信息系统的应用，实现施工全过程的智慧建造。

7 工程研究成果形成国家级工法1项、省部级工法6项，专利12项。

项目获奖情况

- 住房和城乡建设部绿色施工科技示范工程
- 2017年度
  中国钢结构金奖
- 2016年度
  北京市结构长城杯金质奖
- 2015年度
  北京市结构"朝阳杯"金奖
- 2015年度
  华夏建设科学技术奖一等奖

大体积混凝土溜槽浇筑

重型钢桁架逆序提升

外附塔附着转换

复杂钢结构安装

内部完成图1

内部完成图2

矿坑生态修复利用工程

供稿单位 中国建筑第五工程局有限公司 ————————————————

项目介绍

　　在我国长期的发展建设中，矿业开发曾为经济发展提供了重要的资源保障，但同时也对生态环境造成了破坏。随着城市生态文明建设，如何有效地推进矿山损毁土地的复垦和破坏生态的修复，是未来我国社会可持续发展的重要内容。矿坑生态修复利用工程——冰雪世界项目是以历经50年开采而形成的百米废矿坑为依托进行建造，是对城市生态的修复和利用。该项目是目前世界唯一在废弃矿坑内建造的大型冰雪游乐项目。

矿坑生态修复利用工程——冰雪世界项目全景

科技创新及新技术应用

针对深废矿坑建造过程中的修复利用、深坑建造及绿色节能等关键技术，进行科技攻关，取得了系列创新性成果。

1 提出了深废矿坑岩溶地基极限承载力及可靠度分析方法，形成了矿坑微扰动加固技术，研发了快速修复矿坑岩壁的苔藓绿化技术，实现了废弃矿坑的加固利用与生态修复。

2 提出了地下百米矿坑复杂结构混凝土质量控制方法，研发了考虑支撑体系与结构共同作用的混凝土梁分层叠合浇筑技术，创新了重型钢结构背拉式液压提升技术，解决了深矿坑大跨、重载建筑的建造技术难题。

3 提出了利用矿坑岩壁进行大型室内滑雪场保温节能的建造方法，研发了成套保温构造体系的冷桥阻断技术，解决了夏热冬冷地区大型室内滑雪场节能建造关键技术难题。

依托本项目主编国家标准1本、专著1部，发表科技论文75篇，形成发明专利18项、实用新型专利24项、省部级工法23项。

项目获奖情况

- 2021年度
  中国钢结构金奖年度杰出工程大奖
- 2020—2021年度
  国家优质工程金奖
- 2021年度
  中国安装协会科学技术奖一等奖
- 2021年度
  中建集团科学技术奖一等奖

项目原始地貌

苔藓矿坑岩壁修复

矿坑混凝土结构高质量控制

重型钢结构背拉式液压提升

项目完成后室内效果

大型室内滑雪场实景

海峡文化艺术中心

供稿单位 中建海峡建设发展有限公司 ————————————————————

项目介绍

海峡文化艺术中心位于福建省福州市三江口核心区，工程于2015年5月开工建设，2018年8月竣工，总投资27亿元。作为联合国教科文组织第44届世界遗产大会的主会场，项目肩负着福州与世界的文化交流，促进东西方文化有效链接的重要使命。

海峡文化艺术中心造型以福州市市花——茉莉花为意向来源，工程创新地通过现代的建造技法将传统的中国元素融合到建筑中，以国际化的建筑语言诠释福州的文化精髓。作为目前世界上最大的陶瓷建筑，工程总建筑面积15.26万m²，设有多功能戏剧厅、歌剧院、音乐厅、艺术博物馆及影视中心五个功能性场馆，可举办大型电影节、音乐会、展览、各类艺术表演以及各种会议等活动。

科技创新与新技术应用

1 全球首创大跨度空间新型管桁架及复合体系，实现双曲异形大跨空间结构体系的高效建造。"大跨度空间新型管桁架及复杂节点设计理论与应用""再生骨料混凝土高性能化关键技术及工程应用"获福建省人民政府科技进步奖一等奖。

2 独创大型公共建筑的结构安全监测与评估关键技术，揭示了预应力构件中钢绞线预应力损失的机理，实现建筑全寿命周期预应力损失值的监测。"大型公共建筑的结构安全监测与评估"获福建省人民政府科技进步奖二等奖。

3 全球首创投资、设计、建造、运营一体化模式，基于BIM+放样机器人+三维扫描仪+3D打印的数智建造大型文化艺术综合体项目。通过全专业数字化建造手段，实现建筑功

海峡文化艺术中心航拍图

能，艺术效果和文化传承的完美融合。"数字建造关键技术研究与应用"获福建省人民政府科技进步奖三等奖。

4 国内外率先提出氧化锆消音微孔陶瓷面层体系，实现完美建筑声学效果，拓展了陶瓷材料的功能。

5 自主创新的无规则异形曲面幕墙综合建造技术，解决了全球首例超大长细比钢构柱——异形双曲幕墙标准化的安装难题，为类似工程提供成熟案例。

项目获奖情况

- **2021年度**
  国际建筑设计奖（The International Architecture Award）
- **2021年度**
  德国标志性设计奖创新建筑奖
- **2020年度**
  巴黎设计奖金奖
- **2021年度**
  美国MUSE国际创意大奖（文化建筑类铂金奖）
- **2020年度**
  伦敦杰出地产大奖（建筑设计类铂金奖）
- **2019年度**
  国际房地产组织亚太地产大奖（中国区最佳公共服务类建筑奖）

- **2020年度**
  中国建筑学会建筑设计奖公共建筑一等奖
- **2021年度**
  北京市优秀工程勘察设计奖建筑工程设计综合奖（公共建筑）一等奖
- **2020—2021年度**
  中国建设工程鲁班奖
- **2019年度**
  中国安装工程优质奖（中国安装之星）
- **2019年度**
  中国钢结构金奖
- **2020年度**
  中国建筑工程装饰奖
- **2020年度**
  中国建筑幕墙精品工程

大跨度空间新型管桁架及复合体系

氧化锆消声微孔陶瓷面层体系

艺术陶瓷砖3D雕刻技术

无规则异形曲面幕墙龙骨安装

玻璃幕墙安装

海峡文化艺术中心外景

腾讯北京总部大楼项目

供稿单位 中建三局第一建设工程有限责任公司 ————————

项目介绍

　　腾讯北京总部大楼项目位于北京市海淀区中关村软件园，于2014年9月29日开工，2019年1月17日竣工，总投资28.1亿元。

　　本项目总建筑面积约33.4万m²，地下共3层，地上共7层，建筑高度36m，建筑外形方正简约，单层为180m×180m的超大办公空间，建筑立面底部采用切角处理，最大悬挑长度81m，内部通过主街、次街、环路划分为9个独立运营的区块，实现了合理的内部交通组织及平面设计。本项目是集办公会议、演播展厅、运动餐饮为一体，是目前亚洲最大的现代化单体办公楼，也是目前国内最大的切角悬挑建筑，为国内信息技术行业标志性总部大楼。

科技创新与新技术应用

1 国内首次应用核心筒—长悬臂巨型钢桁架—框架结构体系，为超大平面空间复杂钢结构体系设计探索了新的方法、技术和手段。

2 首创大悬挑结构分段支撑悬伸步进、同步分级卸载施工技术，填补了国内复杂超限结构设计与施工相关理论的空白。

3 研发了建筑工程绿色施工与安全监控信息化平台，创新开发基于在线监测的建设工程施工粉尘监控与除尘系统，实现了工地粉尘控制与消除的智能化。

腾讯北京总部大楼（东侧）实景

4 率先研究基于BIM的设计、集成施工及智能运维技术，有效解决了建筑全生命期BIM应用的困难，充分发挥了BIM的价值与示范引领作用。

5 经鉴定，项目关键技术整体达到了国际领先水平，获湖北省人民政府科技奖二等奖、中国工程建设鲁班奖等各级奖项68项；研究成果形成专利17项，软件著作权7项，省级工法10项，论文21篇；获国际BIM奖2项、国内BIM奖6项。

项目获奖情况

- 2020—2021年度
  中国建设工程鲁班奖

- 2019年度
  中建集团科技推广示范工程

- 2017年度
  中国钢结构金奖

- 2018年度
  湖北省人民政府科技进步奖二等奖

- 2018年度
  北京市人民政府科学技术奖三等奖

- 2019年度
  华夏建设科学技术奖三等奖

腾讯北京总部大楼项目超长超厚基础底板施工

腾讯北京总部大楼钢板墙、箱型柱安装

腾讯北京总部大楼81m切角型悬挑钢结构

腾讯北京总部大楼地上钢结构

腾讯北京总部大楼多功能厅

腾讯北京总部大楼室内庭院

腾讯北京总部大楼夜景

雀儿山隧道工程

供稿单位 中国建筑第五工程局有限公司 ——————————————

项目介绍

雀儿山隧道起于国道317线三道班、四川省甘孜州德格县玛尼干戈镇，起讫里程为K340+951~K348+034，全长7079m。进、出洞洞口高程分别为4372.82m、4232.73m，隧道最大埋深700m。该隧道处于高原高寒地区，隧址区内山势陡峻，且有现代冰川和古代冰川遗迹分布，属于高山、极高山冰川地貌。克服低气压、低氧气、季节性冻土等自然条件是本项目的重难点。

本项目"三低"环境特点：

（1）低含氧量。雀儿山隧道洞口海拔高度4372m，隧址区空气稀薄，氧气密度小，空气密度大约为0.8kg/m³，氧气的密度大约是平原的60%。

（2）低气压。雀儿山隧址区由于海拔高度升高，大气压强降低，大约为56.5kPa，是标准大气压的55%左右。

（3）低气温。雀儿山隧址区年平均气温在–0.7℃，日平均气温在0℃以下天数多，全年平均积雪日数为174天，最多积雪日数达245天。

搅拌站料仓地暖

个体式供养房

雀儿山隧道现场综合防冻施工

雀儿山隧道全景

科技创新与新技术应用

1 提出了高海拔隧道基于气象要素的选线设计理念及建立了寒区隧道结构保温防冻设计施工综合关键技术。将气象、水文与地质因素结合，为高海拔越岭隧道选线提供了新思路；形成了衬砌—围岩约束的隧道冻胀力理论方法和寒区隧道综合抗防冻设计方法，研发了离壁式保温衬套抗防冻结构，开发了智能温控冻害抑制养护系统和高寒地区隧道施工通风升温系统，提升了高海拔地区特长隧道抗灾防灾能力。

2 创新了高海拔"三低"环境下隧道作业人员健康保障体系。提出了高海拔隧道施工供氧标准，建立了"三低"环境下空气含氧量多源衰减计算模型；基于肺泡氧分压理论的人体缺氧危险等级划分及控制标准，制定了高海拔隧道施工供氧方案；开发了基于穿戴设备的人员机体健康实时监控系统。解决了9%低含氧量特长隧道独头掘进4000m的通风供氧难题。

3 创新了高海拔"三低"环境下隧道作业机械效能保持应用方法。制定了适用于海拔5000m隧道通风计算新标准；开发了高海拔隧道风机升效节能技术；构建了"富氧+涡轮增压"的双控组合机械效能提升方法；形成了高海拔特长公路隧道施工通风综合设计方法与施工设备配置与效能提升技术，为制定高海拔特长隧道施工组织管理体系提供了直接的理论依据。

4 创新了高海拔隧道建造生态环境保护与利用技术。提出了隧址地热资源的高效利用思路，研发了基于天然温泉循环的路面冰害自防系统；提出了机械与自然通风相统一的隧道通风设计原则，降低了运营通风成本；实践了隧道弃渣回收利用及隧区植被恢复技术，为生态环境脆弱地区隧道工程的绿色建造提供示范。

项目获奖情况

- **2018年度**
"高海拔地区特长公路隧道施工安全保障关键技术"获中建集团科学技术奖一等奖
- **2019年度**
工程建设项目设计水平评价工作二等奖
- **2019年度**
"千万网民心中的四川奇迹——新中国成立70周年·影响四川十大工程"
- **2018—2019年度**
国家优质工程奖
- **2020年**
第十八届中国土木工程詹天佑奖

雀儿山隧道实景

创新技术（设备）成就广州市第八人民医院应急防疫空调工程

供稿单位 广州市城市规划勘测设计研究院、山东雅士股份有限公司 ——————————

项目介绍

广州市第八人民医院为广州市传染病专科医院，在新冠肺炎疫情防控中发挥重大作用，院内无交叉感染。本工程含住院部大楼、感染病住院楼和扩建医技楼等建筑，总占地面积10.57万m²，总建筑面积9.1万m²。感染病住院楼，建筑面积24900m²，顶标高39.1m，属于高层建筑。地下室为设备用房；首层～二层为感染门诊区；三层～八层为负压隔离病房区域。另一栋为医技楼，建筑面积8328m²，顶标高27.2m，属于高层建筑。地下室为设备用房；首层～二层为门诊区和部分办公区等；三层～五层为实验室区域和部分办公区。两栋建筑均采用独立的夏季供冷（含热回收）、冬季供暖的空调系统。

利用院区原有场地和既有设施，建设高标准装配式医院

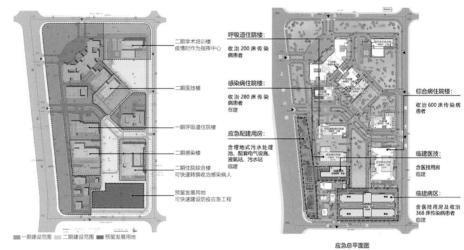

工程平面图

应急总平面图

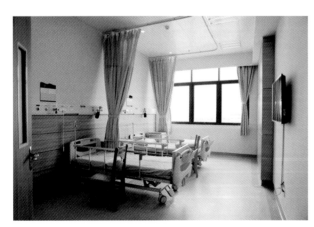

负压病房

3楼室内压差系统

科技创新和新技术的应用

1 负压病房关键技术参数的控制

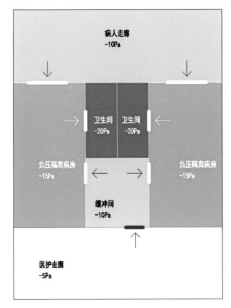

负压病房压差梯度示意图

2 新风预冷蒸发除湿技术的应用

新风预冷蒸发除湿技术示意图

3 平疫结合通风空调系统设计

4 病区（三区两通道）的压力梯度控制技术

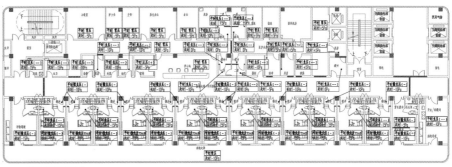

梯级压差要求：

清洁区（+）→半污染区（-）→污染区（--）；
半污染区医护走廊（-5Pa）→病房缓冲间（-10Pa）→病房（-15Pa）→病房卫生间（小于-15Pa）。

病区的压力梯度（平时、疫时）控制图

5 动力分布式变风量通风系统

6 新风质量处理技术

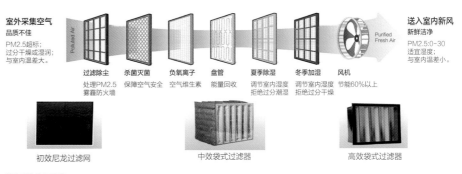

新风处理系统

7 中央集中远程控制技术

本项目研究成果形成发明专利3项，实用新型专利20余项，论文10余篇。

项目获奖情况

- 2020年度
  广州市建筑环境与能源利用专业优秀设计奖一等奖

- 2021年度
  广东省建筑环境与能源利用专业优秀设计奖二等奖

- 全国行业优秀勘察设计奖新冠肺炎应急救治设计奖二等奖

- 2020年度
  广东省工程勘察设计协会科学进步奖一等奖

青连铁路青岛西站项目

供稿单位 中铁十局集团有限公司 ————————————————

项目介绍

青连铁路青岛西站项目位于青岛市西海岸国家级新区，连接青盐、济青、合青等多条高铁，是青连铁路规模最大的铁路枢纽站，更是集铁路、市政、城轨多种交通方式为一体的现代化综合交通枢纽，是国家贯穿南北、连通东西的重要战略支点。

本项目总建筑面积122063m²，其中站房面积59954m²，站台、雨篷及落客平台62109m²。站房为高架候车室+线侧式集散厅，由多种结构体系组合而成，自东向西呈"工"字型布置，东西向长254m、南北向宽162m。正立面为长悬臂层叠大挑檐造型、雨篷为超长波浪形单柱悬挑结构、站台边界为小半径渐变曲线，其中挑檐最大悬挑14m、雨篷最大高差2.67m、站台最小曲线半径800m。工程于2017年6月开工建设，2018年12月竣工，总投资8.4亿元。

青岛西站站房夜景

青岛西站全景

科技创新与新技术应用

1 研究出大跨度波浪面屋面空间结构等效静风荷载、风致振动特性计算理论，应用了等效静风荷载简化计算方法、风致振动响应计算"二步法""三水准""三阶段"抗风设计理念和流固耦合动力分析方法。

2 创新应用了大跨度屋盖—劲性钢骨（钢管）混凝土框架组合结构体系设计分析方法，提出了组合结构协同作用下，高铁站房的抗风、抗震、温度效应有限元分析方法。

3 首次采用狭小空间下大跨度管桁架、大倾角玻璃幕墙、复杂弧面铝垂片吊顶梯次一体化控制的快速提升施工技术，解决了专业交叉、场地受限的施工难题。

4 研发了切线支距放样、折线变缝排版曲线站台施工新技术，填补了铁路站场在不铺轨的前提下精确铺贴曲线站台工艺的空白。

5 首次采用基于GIS+BIM深度融合的数字化技术，研发了"铁路站房信息化管理平台"，实现了设计、施工、运维全过程可视化控制。

经鉴定，研究成果总体上达到了国际先进水平。相关技术成果获中国施工企业管理协会工程建设科学技术奖二等奖、中国铁路总公司科学技术奖二等奖等10余项奖项；形成专利10项（发明专利3项），省部级工法4项。

项目获奖情况

- **2021年**
  第十九届中国土木工程詹天佑奖

- **2020年度**
  "海河杯"天津市优秀勘察设计一等奖

- **2019年度**
  山东省建筑质量"泰山杯"奖

- **2018年度**
  第七届龙图杯BIM大赛一等奖

- **2019年度**
  全国建设工程项目施工安全生产标准化工地

大型钢结构平台

高大模板体系

超长预应力板施工

倾斜面外幕墙施工

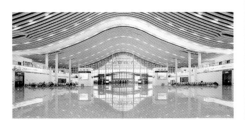
候车大厅复杂弧面铝垂片吊顶

站台雨篷钢结构及梭子形吊顶

槐房再生水厂项目

供稿单位 北京城建集团有限责任公司、北京市市政工程设计研究总院有限公司、北京城市排水集团有限责任公司、北京市园林绿化集团有限公司 ————————————————————————

项目介绍

槐房再生水厂位于北京市区的西南部，规划流域范围西起西山八大处，东至展览馆路，北起长河，南至丰台，并包括花乡、卢沟桥乡、石景山乡部分乡域地区，规划流域面积约137km²。项目总投资53.3亿元，水厂规模60万m³，是亚洲最大的全地下式再生水厂，槐房再生水厂设计出水水质达到《城镇污水处理厂水污染物排放标准》DB11/890中B标准的要求。再生水厂设施全地下建设，地上建设人工湿地保护区，实现环境治理与保护的和谐发展。

槐房再生水厂项目建筑占地面积31.36hm²，建筑面积为170000m²，地下共2层，局部为3层，深度达17.45m，池体采用钢筋混凝土结构，工艺采用MBR工艺，同步在厂区内采用热水解+厌氧消化+板框脱水的污泥处理工艺，实现污泥的无害化处置。

槐房再生水厂全景图

科技创新与新技术应用

1 研究形成了大型地下生态再生水厂集成规划设计、综合建造技术等，解决了全地下构筑物安全运行问题。研究成果形成发明专利1项，实用新型专利3项，工法2项，论文9篇。

2 创新地采用了热水解+消化+板框脱水的污泥处理工艺和通风除臭集成技术，达到了国际领先、实现了生态水厂的建设目标。研究成果形成发明专利2项，实用新型专利2项，论文5篇。

3 研究形成了小直径盾构机始发、小转弯半径施工等关键技术，取得良好效果。研究成果形成发明专利3项，实用新型专利8项，论文5篇。

4 开发形成了大型浅覆土顶板湿地公园建造技术，建成了世界最大的再生水人工湿地公园。研究成果形成发明专利2项，实用新型专利9项，软件著作权5件，论文6篇。

5 开发了大型全地下再生水厂数字化建造与智慧运维关键技术，实现了全生命期的科学管控和运维。研究成果形成著作2项，软件著作权3件，论文2篇。

获奖情况

- **2014年度**
  北京市优秀工程咨询成果一等奖
- **2015、2016年度**
  全国市政工程建设优秀质量管理小组一等奖
- **2016年度**
  北京水务科学技术奖一等奖
- **2016年度**
  北京市市政基础设施结构长城杯金质奖
- **2018年度**
  北京市市政基础设施竣工长城杯金质奖
- **2018年度**
  科学技术进步一等奖
- **2018年度**
  国际水协全球项目创新奖金奖
- **2018年度**
  第七届全国BIM大赛一等奖
- **2019年度**
  北京市优秀工程勘察设计奖一等奖
- **2019年度**
  行业优秀勘察设计奖一等奖
- **2019年度**
  中国风景园林学会科学技术（园林工程奖）
- **2020年**
  第十八届中国土木工程詹天佑奖

槐房再生水厂构筑物施工图

槐房再生水厂湿地公园施工图

槐房再生水厂设备安装图

槐房再生水厂小直径盾构施工图

槐房再生水厂湿地公园图

槐房再生水厂行车通道图

新建成都至贵阳铁路乐山至贵阳段毕节站站房及相关工程

供稿单位 中建交通建设集团铁路工程有限公司 ————————————————

项目介绍

毕节站为中型铁路旅客车站，于2018年1月10日开始施工，2019年12月16日竣工，站房总建筑面积为40761.13m²，建筑高23.46m，结构形式为钢筋混凝土框架结构，地下共1层，地上共2层，局部有夹层，屋盖为钢网架结构，屋面为铝联锰金属屋面。采用"上进下出"的客流组织模式，按最高聚集1500人设计。

毕节站为成贵铁路沿线最大的站房，全国"四小精品站房"之一，同时也是毕节市重点建设项目。它的开通，引领毕节一举跨入高铁时代，大大缩短了毕节地区与东部沿海城市的时空距离，彻底解决了毕节市人民出行难的问题，为黔滇的旅游经济、绿色经济的发展插上腾飞的翅膀。

毕节站正面全景

科技创新与技术应用

1 毕节站候车大厅屋盖表面为双坡斜面，跨度大，自重轻，支撑体系设计复杂，技术含量高，施工难度大，采用变截面多层空间网架，实现了屋顶高差变化，形成一个异型变截面多层空间球型栓节点网架结构体系。

2 采用了DKGL硬质无机纤维喷涂复合型吸声防火层施工技术，有效地解决了传统机房降噪、防火施工工艺拼缝多、密封性差、安装工序复杂等问题。

3 采用基于BIM的现场施工管理信息技术，应用于深化设计、场布、施组、进度、材料、设备、质量、安全及竣工验收等管理，实现施工现场信息高效传递与共享，提高施工管理水平。

项目获奖情况

- 中国成都铁路局集团有限公司2019年度"建功立业"先进集体荣誉称号，铁路局防火委2019年度消防工作先进集体称号
- **2018年度**
  贵州省建筑业绿色施工示范工程称号（第一批）
- **2019年度**
  贵州省黄果树杯优质工程奖
- **2020—2021年度**
  国家优质工程奖

毕节站C区外墙施工

毕节站屋盖钢网架施工

毕节站屋盖钢网架结构

毕节站一层暖通设备安装

毕节站水泵房

毕节站候车厅实景图

青岛新机场航站楼工程标段二

供稿单位 中建三局第一建设工程有限责任公司 ————————————

项目介绍

青岛新机场航站楼及综合交通中心工程位于青岛市胶州市，是国家"十二五"规划重点建设项目，是山东半岛实施"蓝色经济区"发展战略的国家重要区域性航空港，总建筑面积70.9万m²，由航站楼核心区、指廊、综合交通中心组成。航站楼金属屋面工程的总面积是31.49万m²，建筑高度42m，平面纵向最长为1114.58m，横向最大宽度为973.98m。屋面网架采用钢结构网架体系，网架节点采用焊接球空心节点，屋盖支撑柱采用钢管混凝土柱，柱顶支座采用成品球铰支座，指廊屋盖网架最大长度402.4m，最大跨度68.9m，最大面积为21500m²，最大重量1934t，该网架整体为非对称体系，且长宽比大，提升精度及安全性控制难度大。

青岛新机场航站楼屋面效果图

青岛新机场航站楼工程全景图

科技创新与新技术应用

1 机场航站楼超大面积超纯铁素体屋盖系统综合施工技术。通过超千吨多支点非对称屋面网架单元拼装整体提升施工技术、屋面网架不平衡受力再平衡技术、非对称支点网架结构整体连续性施工技术等实现了航站楼屋盖系统非对称网架单元整体提升，屋盖系统自动焊接。该技术成果形成发明专利3项，实用新型专利3项，省部级工法8项，论文3篇。

2 基于大型机场航站楼网架结构与屋面系统综合施工技术的研究与应用。采用超长不锈钢屋面现场加工技术，实现了金属屋面板双向成型、板面压痕，解决了超大面积金属屋面精确连接与应力释放难题；针对超大面积双曲不锈钢屋面板，采用不锈钢自动连续焊接施工技术，增强了屋面板拼接的整体性能，提高了防水性能及抗风揭能力。该技术成果形成发明专利3项，实用新型专利2项，省级工法6项，论文3篇。

项目获奖情况

- **2021年**
  第十九届中国土木工程詹天佑奖
- **2020年度**
  中国钢结构金奖
- **2017年度**
  山东省建筑工程优质结构
- **2019年度**
  华夏建设科学技术奖三等奖
- **2018年度**
  中国施工企业协会科学技术进步奖一等奖
- **2017年度**
  中国施工企业协会科学技术进步奖二等奖
- **2020年度**
  中国施工企业协会科学技术进步奖二等奖
- **2018年度**
  山东省土木建筑科学技术奖一等奖
- **2018年度**
  山东省土木建筑科学技术奖二等奖

空间钢网架成型效果图

主体混凝土结构双向均为超长混凝土结构

不锈钢金属屋面自动焊接工艺

不锈钢金属屋面完成效果

航站楼指廊

航站楼室内效果

长春市快速轨道交通北湖线一期试验段二标段
严寒地区城市轨道U型梁预制安装综合技术

供稿单位 中建交通建设集团总承包工程有限公司 ————————————

项目介绍

长春市快速轨道交通北湖线一期试验段二标段项目位于吉林省长春市，于2014年4月28日开工，2018年10月12日竣工。

项目全线长2.5km，起点里程桩号：K13+900，终点里程桩号：K16+400。全线自标段起点向东敷设依次上跨京哈铁路和长白铁路上下行方向4条国铁、伊通河水域，随后下穿长岛隧道桥到达北湖大桥站，然后上跨北湖水域到达标尾北湖公园站。全线区间高架敷设。标准梁型为预制U型梁，横跨铁路与伊通河东侧向东延伸下穿长岛隧道桥至丙三十二街车站为现浇箱梁段。

工程实景

长春市快速轨道交通北湖线一期工程实景图

科技创新与新技术应用

1 研发并应用了轨道正交预制场龙门吊场内转向运梁技术，实现了轨道正交预制场内转向运梁，减少大型设备和施工场地投入。研发成果形成发明专利1项，实用新型专利1项，省级工法1项。

2 研发了一种单龙门吊水平旋转梁体装车技术，解决了运梁车组载梁总长度超过龙门吊跨径的装车出场难问题，减少了梁场地建设宽度和面积。研发成果形成发明专利1项，省级工法1项，国家级期刊论文1篇。

3 研发了一种新型竖向高分子弹性体伸缩缝施工技术，具有更好的安全性、通用性和可操作性。研发成果形成实用新型专利1项，省级工法1项。

4 研发了一种可周转使用的钢底模台座及配套模板体系技术，提升了周转效率，减少了模板投入，缩短了工期，提高了场地使用效率，并通过模数化、标准化设计，可适用于不同规格的预制梁制作。研发成果形成实用新型专利1项，省级工法1项。

项目获奖情况

- 2020—2021年度
  中国建设工程鲁班奖
- 2019年度
  吉林省绿色施工示范工程
- 2019年度
  吉林省长白山杯优质工程奖
- 2019年度
  长春市君子兰杯优质工程奖
- 2017年度
  "中国建筑红旗班组"荣誉称号
- 2017年度
  中国施工企业协会工程建设优秀质量管理小组二等奖
- 2016年度
  "哈、长、沈"省会城市建设安全联检金牌工程

轨道正交预制场龙门吊场内转向运梁

单龙门吊水平旋转梁体装车

新型竖向高分子弹性体伸缩缝施工

一种可周转使用的钢底模台座及配套模板体系

超大吨位平转斜拉桥施工技术

供稿单位 中建交通建设集团有限公司华南公司 ——————————————

项目介绍

保定市乐凯大街南延工程位于河北省保定市西南市区，是保定市政府主动响应国家京津冀一体化、促进保定市快速融入区域经济发展的重大战略决策工程。工程于2016年3月1日开工，于2020年1月15日通车运行。跨保定南站主桥是南延工程的控制性工程，主跨同时跨越京广铁路21股铁路线及城市道路建国路，采用母塔与子塔双转体施工。

项目依托于世界最重转体桥保定市乐凯大街南延工程跨南站主桥，针对超大吨位平转斜拉桥施工新技术进行研究。跨南站主桥桥型为（145+240+110）m子母塔单索面预应力混凝土斜拉桥，全长495m，工程造价63499万元，转体总重量81000t。母塔转体悬臂长（128.6+135）m，转体重量约46000t，逆时针转体52.4°；子塔转体悬臂长2×102m，转体重量约35000t，逆时针转体67.4°。

保定市乐凯大街南延工程跨保定南站主桥全景

科技创新与新技术应用

1 提出了超深大直径钻孔扩底灌注桩施工工艺，选择可视化数控液压魔力扩底钻头扩底，在施工孔深近百米的情况下实时精确监测扩底尺寸。应用成果形成工法1项，论文1篇。

2 提出了大体积高强度等级混凝土冬期施工工艺，通过热工计算控制各类温度和内降外保的控制原则，解决了强度等级C50的近万方主墩承台混凝土冬期施工难题。应用成果形成工法1项，论文1篇。

3 研发了超大吨位拼装式球面平铰加工制造和安装技术、多点联合称重技术及装置，提出了超大吨位球面平铰混凝土施工工艺。提出了"合龙口两侧梁段提前洒水润湿+合龙口两侧箱梁横向预应力延迟张拉"施工工艺。提出基于振动加速度监测的转体结构整体稳定性监控方法。可为后续超大吨位平转桥施工提供成熟的借鉴经验。应用成果形成发明专利3项，实用新型专利4项，工法6项，论文3篇。

项目获奖情况

- **2020年度**
  中国公路学会科学技术奖一等奖
- **2020年度**
  河北省建筑业科学技术奖特等奖
- **2020年度**
  河北省建筑工程"安济杯"奖

- **2021年度**
  "中建杯"优质工程金质奖
- **2020年度**
  中国建筑集团有限公司科技推广示范工程

魔力扩底钻头扩底状态

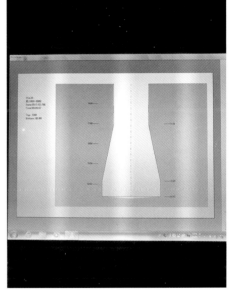
实时数控扩底监控设备

大体积高强度等级混凝土承台施工

转铰安装清理

转体桥称重

转体实时动态监测

北京地铁16号线二期工程（北安河车辆段）

供稿单位 中铁电气化局集团北京建筑工程有限公司 ————————

项目介绍

北京地铁16号线二期工程北安河车辆基地位于北京市海淀区北安河组团东部，北清路南侧，西六环、京密引水渠以西。本项目于2015年4月24日开工，2016年11月14日竣工。工程总建筑面积323047.38m²，主要包含运用库（建筑面积77810.37m²）、联合检修库（建筑面积59949.02m²）、二级开发小汽车库（建筑面积86408.71m²）、咽喉区（建筑面积56323.14m²）、综合行政楼（建筑面积15704.71m²）、危险品仓库、材料库等12座单体。运用库、联合检修库、二级开发小汽车库采用钢筋混凝土框架剪力墙劲性钢结构，用钢量约7.8万t，主要钢柱类型为组合柱、十字型、H型以及钢板墙组合结构，十字钢柱最大截面1000mm×1000mm×100mm×100mm×600mm；H型钢柱最大截面1100mm（H）×500mm×460mm×50mm；钢板墙最大厚度60mm，钢翼缘板最大厚度100mm，单体最大重量约24t。型钢采用Q345B-Z15，全部采用CO_2保护焊接。

北安河车辆段基地全景

科技创新与新技术应用

1 采用劲性钢结构中采用整体深化及BIM深化新技术，对复杂节点应用BIM技术进行模拟冲突碰撞，优化节点构造，提高了钢构件下料的精度，优化梁柱节点锚固做法。

2 采用高强自密实混凝土，改善了工作环境和安全性，没有振捣噪声，改善混凝土的表面质量，保证了劲性结构梁柱节点区域的混凝土密实度。

3 研发了超长结构采用型钢混凝土劲性结构配预应力的新技术，提高抗裂性能，减小挠度，提高耐久性，解决了超长混凝土结构的收缩问题。

4 采用明挖区间预埋天盾槽技术，解决了传统的后植筋工艺带来的安全隐患，保证了各种设备及其振动的承载力要求。"明挖区间天盾槽预埋体系"工艺已经形成企业标注及行业标准。

5 "地铁车辆段组合结构框架节点设计的若干问题探讨"获得实用新型专利，文章通过结合北京地铁车辆段组合结构框架节点的几种常见连接形式提出了改进，保证施工质量的同时缩短了工期。

6 "埋入式钢柱施工技术研究"获得实用新型专利，文章结合北安河车辆段项目进行了论述，解决了传统施工因柱脚加工和安装精度影响土建钢筋绑扎的难题。

项目获奖情况

- **2017年度**
  中国钢结构金奖

- **2016年度**
  北京市市政基础设施结构长城杯金质奖

- **2016年度**
  北京市市政基础设施竣工长城杯金质奖

钢柱安装

钢梁安装

钢柱安装焊接

梁板钢筋绑扎

运用库内装修完成

联检库内装修完成

长沙梅溪湖国际新城城市岛项目

供稿单位 湖南建工集团有限公司 ——————————————————

项目介绍

　　长沙梅溪湖国际新城城市岛项目位于湖南省长沙市湘江新区梅溪湖核心区域，城市中轴线西端，南邻环湖路。项目于2015年4月28日开工，2017年1月23日竣工。工程由1座双螺旋体景观构筑物，1座服务中心及屋顶观景平台，1座人行天桥，1座入岛桥及室外广场组成。螺旋形景观构筑物为高约33m、最大直径约86m钢结构多层双螺旋体，是目前全球最大的双螺旋体钢结构；与螺旋形景观构筑物相连处，往西延伸有一座约200m长的人行天桥，桥墩为变截面混凝土斜柱结构，桥跨结构为倒三角形立体桁架和倒三角形立体桁架+单榀索拱结构；服务中心及屋顶观景平台为一层钢筋混凝土框架结构；规划总用地面积20451m^2，总建筑面积18596m^2。

梅溪湖国际新城城市岛全景

科技创新与新技术应用

1 工程采用"建筑业十项新技术"中9大项22小项，研究成果形成发明专利3项、工法2项、论文3篇。

2 研发了特厚板（CO_2）斜立焊施工技术、斜钢柱双螺旋空间结构施工技术。

3 BIM技术广泛用于该项目，取得项目科技研发及技术攻关成果2项；成功举办6次观摩会；入选"欧特克工程建设行业中国客户成功案例2016"；参

加欧特克在全球举办的"AUTODSK AEC EXCELLEXCE AWARDS"大赛；受邀出席在波士顿举办的第一届BIM360用户年度峰会"CONNECT&CONSTRUCT2016"并作主题演讲。

4 土建、安装施工质量特色突出，钢结构工艺国内领先，被授予湖南省绿色施工示范工程、湖南省优质工程、中国钢结构金奖等称号。

获奖情况

- **2017年度**
  湖南省建设工程芙蓉奖
- **2018年度**
  第十八届深圳市优秀工程勘察设计（综合工程）二等奖
- **2019年度**
  广东省优秀工程勘察设计（建筑工程）三等奖
- **2020—2021年度**
  国家优质工程奖
- **2017年度**
  中国钢结构金奖

人行天桥V形混凝土变截面桥墩施工

人行天桥接合处细部

人行天桥V形桥墩

承台基础

石材铺装

螺旋体悬臂吊装

螺旋体

服务中心钢筋布置

人行天桥菠萝格

中建科技成都绿色建筑产业园建筑产业化研发中心

供稿单位 中国建筑西南设计研究院有限公司 ————————————————

项目介绍

中建科技成都绿色建筑产业园建筑产业化研发中心项目位于四川省成都市天府新区新兴工业园内，承担了中建科技四川地区建筑工业化的科研、办公和生产组织工作。本项目尝试对中建未来建筑的发展方向进行探索，将装配式建筑技术、被动式建筑技术、绿色建筑技术及智慧建筑技术等四大技术体系相融合，是全国首例装配式混凝土结构近零能耗被动式公共建筑。项目获得绿建三星认证，装配率88%（国标装配式建筑评价标准）。

项目设计科学、合理、可靠，满足中建未来建筑实验的预期，为我国夏热冬冷地区装配式近零能耗建筑被动关键技术研究与应用打下了坚实的基础，在周旭红院士和清华大学冯乃谦教授牵头的两次成果鉴定中均被评价为国际先进，部分成果国际领先。

中建科技成都绿色建筑产业园建筑产业研发中心全景

科技创新与新技术应用

1 研发了南方混凝土结构近零能耗建筑装配式外围护技术体系，突破了装配式混凝土建筑和近零能耗建筑两种体系融合的技术瓶颈，解决了长期困扰装配式混凝土建筑外围护拼缝、连接节点难以满足近零能耗建筑高绝热性、高气密性、无冷热桥等要求的难题。该成果被四川省工程建设地方标准采用，形成国家发明专利1项，EI期刊论文1篇，核心期刊论文1篇。项目研究成果仅在四川应用面积超过100万m^2。

2 研发了集围护、装饰、节能、防火于一体的轻质微孔混凝土复合外挂大板，解决了普通混凝土与微孔混凝土复合板的协同受力、界面强度、开裂耐久、大尺寸墙板收缩效应等难题，实现了工业化生产，广泛应用于南方装配式近零能耗建筑工程。该成果被四川省工程建设标准设计图集采用，发表核心期刊论文2篇。

项目获奖情况

- 住房和城乡建设部被动式近零能耗建筑示范工程
- 中德合作高能效建筑——被动式低能耗建筑示范项目
- **2016年度**
  全国建筑业创新技术应用示范工程
- "十三五"国家重点研发计划装配式混凝土结构建筑产业化关键技术示范工程
- "十三五"国家重点研发计划近零能耗建筑关键技术示范工程
- "十三五"国家重点研发计划长江流域建筑供暖空调解决方案和相应系统示范工程
- **2020年度**
  中国建筑学会建筑设计奖项装配式技术专项奖　等奖、绿色生态技术专项二等奖、公共建筑类三等奖
- 中国建筑优秀工程勘察设计奖项优秀绿色建筑一等奖、优秀公共建筑二等奖
- 四川省优秀工程勘察设计奖项建筑工程设计一等奖、绿色建筑设计一等奖、建筑电气设计专项一等奖

建筑主入口

建筑立面外观吊装成果

西侧游廊空间

二层平台入口

室内效果

坪山高新区综合服务中心设计采购施工总承包工程+大型装配式会展中心综合施工技术

供稿单位 中建二局第一建筑工程有限公司 —————————————————

项目介绍

坪山高新区综合服务中心设计采购施工总承包工程位于深圳市坪山区，于2019年3月29日竣工。项目占地面积约8.7万m²，总建筑面积约13.3万m²；会展中心建筑面积8.7万m²，地下共1层、地上共3层，建筑高度25.1m；酒店建筑面积4.6万m²，地下共1层、地上共6层，建筑高度26.94m，地下室层高4.7m，为车库、设备用房。项目采用装配式建设模式，会展中心装配率达89%，酒店装配率达75%。本工程结构使用年限为50年，抗震设防类别为乙类，抗震设防烈度为7度，地下室底板为钢筋混凝土结构，上部为钢框架+钢桁架屋顶结构。

工程俯瞰图

科技创新与新技术应用

1　全专业模块化、机电装修一体化的汉唐风格设计，实现同步高效设计，加快生产速度，减少现场作业，助力快速建造。

2　屋面大跨度薄壁桁架卸荷及狭小空间檐口吊装施工技术，采用了分级卸荷施工技术及组合滑轮滑移吊装技术，确保了现场施工的进度及质量。

3　基于PZT智能材料的钢筋混凝土组合结构检测技术，利用压电材料的正逆压电效应，将PZT智能骨料分别做成驱动器和传感器，在电信号的驱动下，驱动器产生应力波，通过分析传感器接收的波形评定钢管柱核心混凝土的状态。

4　混合装配式幕墙设计施工，研发出幕墙"三维可调挂件"实现装配式精确安装，采用BIM技术对幕墙的吊装施工进行模拟，降低施工误差。

5　会展中心移动式强弱电系统施工技术，改变了传统强弱电系统的安装方式，防水性能达到IP67防护安全级别，并通过在展沟盖板上增加滑轮，实现展箱的可移动性。

　　研究成果形成省部级工法4项、发明专利1项、实用新型专利4项、论文10篇，获得国家级QC成果一等奖3项、二等奖1项，省部级QC成果5项，省部级BIM成果奖项2项。

项目获奖情况

- 2020—2021年度
  中国建设工程鲁班奖
- 2020—2021年度
  建筑应用创新大奖

屋面檐口蝶式铝单板系统

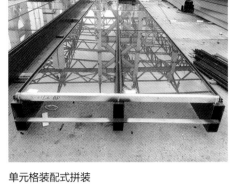
单元格装配式拼装

钢管混凝土柱内部PZT智能骨料布置

屋面分级卸荷技术

会展中心可移动式强弱电展箱

会展中心休息室

会展中心内部

厦门国贸金融中心项目

供稿单位 中国五冶集团有限公司 ———————————————————

项目介绍

厦门国贸金融中心项目位于厦门市两岸金融中心湖里片区，是该片区首个启动项目，属于厦门市重点工程，是一座集高端购物中心和超甲级高档写字楼于一体的综合性建筑大厦。工程总造价7.29亿，于2014年4月3日施工建设，2016年11月11日竣工质量验收通过。

科技创新与新技术应用

1 研发高空连廊整体提升技术，对钢结构连廊结构分析、生产加工、现场组对和提升全过程进行了深入分析和研究，减少了高空补缺安装，节省了单独设置提升吊点的措施，实现同步提升和卸载，满足安装精度，安全受控，确保了钢连廊施工满足业主对裙楼的节点要求。该技术成果形成专利2项，QC成果1项。

国贸金融中心全景

2 提出BIM技术应用。通过BIM技术优化组装钢平台方案，模拟钢结构连廊在组装、提升过程中的受力情况，控制参数，确保施工安全。运用BIM技术进行模拟预拼装，降低了连廊施工周期，提高了工作效率。同时在施工时通过BIM模拟施工过程，出现偏差时及时采取纠偏措施。该技术荣获上海市建筑施工行业第三届BIM技术大赛一等奖，中冶集团首届BIM技术应用大赛优秀奖。

3 研发劲性柱施工技术，采用了配制经济合理的C70高强混凝土、钢骨的合理分段与快速安装调节技术以及组合模板的安装与拆除技术，制定了"劲性柱施工工法"关键技术，同时研制了劲性柱内钢骨的就位、调节，解决就位、调整全过程依赖塔吊的难题。该技术成果形成专利3项，QC成果1项，省部级工法2项。

项目获奖情况

- 福建省建筑业10项新技术应用示范工程
- 2016年度
  上海市建设工程金属结构金钢奖
- 2017年度
  全国冶金行业优质工程奖
- 2019年度
  福建省闽江杯优质工程专业奖（幕墙工程）
- 2019年度
  福建省闽江杯优质工程专业奖（钢结构工程）
- 2019年度
  福建省闽江杯优质工程专业奖（消防钢结构工程）

屋面施工

组装平台安装

室内消防管安装

主体结构施工

室内风管安装

钢结构连廊整体提升

大望京2#地超高层建筑群

供稿单位 中建一局集团第三建筑有限公司 ————————————

项目介绍

　　大望京2#地超高层建筑群项目位于大望京中央商务区，是经首都机场进入北京市区后首入人们眼帘的标志性建筑群，秉承自然融合、绿色智能的设计理念，打造北京新地标，成就世界级商务中心、北京第二大CBD大望京的"迎宾之作"。

　　建筑群由昆泰嘉瑞中心、中航资本大厦、忠旺大厦组成，总建筑面积45.17万m²，地下共5层，地上共43层，单体建筑高度分别为226m、160m、220m、220m，整体呈现葱郁而灵动的竹林造型，地面中央公园与空中屋顶花园遥相呼应打造立体"绿洲"，与城市肌理无缝连接，是集办公、休闲、餐饮、商业为一体的超5A甲级智能化商务中心，是250m以内安全经济绿色可持续的超高层建筑群。

科技创新与新技术应用

1 国内首获"碳中和证书"的办公建筑，贯彻自然融合、绿色低碳的建设理念，为超高层建筑节能树立良好标杆。

2 国内首获"LEED双铂金级认证"的建筑，多专业参数化设计，打破建筑与自然的界限，先后获亚太地区最佳高层建筑大奖等10余项国内外设计大奖。

3 研发超高层电梯井道烟囱效应装置，有效解决了超高层电梯啸叫问题，极大提升了电梯使用舒适度、降低能耗。

4 首创超高层核心筒水平竖向结构同步施工的集成式爬模体系，降低超高层结构施工过程中发生火灾的烟囱效应，有效提升了施工质量和工效。"超高层核心筒爬升钢模与内

建筑群全景

支铝模组合模架体系"获中国施工企业管理协会滑模、爬模科技创新一等成果。

5 研发200～300m超高层综合施工技术，系统解决250m以内超高层施工全过程技术痛点，三项成果经鉴定达到国际先进水平。

6 创新采用基础"变刚度调平"设计方法，实现基底应力光滑过渡无突变，塔楼与裙楼沉降差仅为2.42mm。

7 研发应用数字化技术智慧管理平台，提升多专业协同建造品质，精装修精度控制在0.1mm。

制冷机房

多功能厅

屋面景观花园

裙楼—竹根造型

项目获奖情况

- 2013—2014年度
  亚太地区最佳高层建筑奖

- 2018年度
  市政园林奖园冶杯金奖

- 2018年度
  "艾景奖"杰出景观设计奖

- 2018年度
  IDA 国际设计奖新商业建筑项目荣誉奖

- 2019年度
  全国优秀工程勘察设计行业奖优秀建筑工程设计一等奖

- 2020年度
  国际风景园林师联合会亚非中东地区奖经济可行性类荣誉奖（IFLA—AAPME荣誉）

- 2020年
  获中国质量认证中心"碳中和证书"，

中国节能协会"碳中和证书"

- 住房和城乡建设部2020年度全绿色建筑创新奖三等奖

- 2018—2019年度
  中国建设工程鲁班奖

- 2019年度
  中国安装工程优质奖（中国安装之星）

- 2017年度
  中国钢结构金奖

建筑群夜景

深业上城（南区）商业及LOFT机电总承包工程+大型商业综合体机电工程综合施工技术

供稿单位 中建二局第一建筑工程有限公司

项目介绍

深业上城（南区）商业及LOFT机电总承包工程属于集商业、办公、产业研发用房、酒店等为一体的商业综合体，包括高度为388.05m（地上共79层，地下共3层）、292.65m（地上共61层，地下共3层）两栋超高层办公楼、3栋高层产业研发用房、3层商业裙房以及位于裙房屋顶的多层产业研发用房和位于塔楼1的高层酒店和宴会厅。

科技创新与新技术应用

1 机电工程深化设计技术。施工前应用BIM技术完成管线综合设计及计算，出具深化设计图纸指导现场施工，减少现场拆改，加快施工效率。

2 机电安装采用装配式模块化施工，将可以制作成模块的机电安装部分在工厂预制，运至施工现场拼装，整个安装过程无焊接作业。

3 超高狭小管井逆施工技术，通过采用钢结构作为管道的支撑体系，在管井砌筑前将管道安装到位，之后再进行管井砌筑。

深业上城（南区）商业综合体效果图

4 BIM技术辅助大型设备运输技术，采用BIM技术对大型设备运输路线进行运输模拟，提前策划并预留出大型设备的运输路线。

5 强噪声机房消声减振技术，采用浮动地台、隔声墙壁、隔声顶棚及隔声门的搭配组合，起到更显著的降噪减振效果。

6 BIM技术辅助机电系统调试技术，利用BIM模型进行水力计算指导现场调试，提前预测调试过程中可能会出现的问题。研究成果形成实用新型专利3项，市级工法3项，省级工法3项，论文4篇，国内先进成果鉴定1项，获得省部级以上BIM奖3项。

项目获奖情况

- 2018—2019年度
  国家优质工程奖
- 2020—2021年度
  建筑应用创新大奖

机电工程深化设计技术

强噪声机房消声减振技术

超高狭小管井逆施工技术

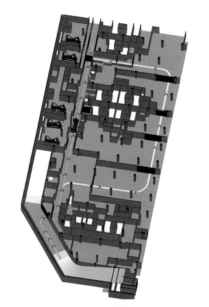

BIM技术辅助大型设备运输技术

机电工程完成图1

机电安装装配式模块化

机电工程完成图2

南县人民医院异址新建项目

供稿单位　湖南省第四工程有限公司 ————————————

项目介绍

　　南县人民医院异址新建项目位于湖南省益阳市南县，于2017年4月10日开工，2019年6月28日竣工，工程总造价6.12亿元，住院总床位数1313个，是一座集临床诊疗、住院康复、医学教育于一体的大型现代化综合医院，是湖南省内目前规模最大的县级医院。

　　南县人民医院异址新建项目总建筑面积138314m²，其中地下建筑面积22788m²，地下共1层，地上最高15层，高度67.1m，钢筋混凝土框架结构。

科技创新与新技术应用

1 提出了基于BIM的曲面不规则幕墙节点深化、板块优化、自动测量技术，实现了曲面不规则组合幕墙的施工节点优化、单元板块排版优化、材料高精度加工、机器人自动放样，降低了施工难度，提高了安装精度与速度，提升了整体安装效果。应用成果形成工法2项。

2 研发了具备抗浮功能的混凝土保护层垫块，解决了传统空心楼盖芯模采用铁丝固定存在施工困难、固定效果不佳、模板破坏大的问题。应用成果形成实用新型专利1项，工法1项，论文1篇，全国优秀质量管理小组成果1项。

南县人民医院异址新建项目鸟瞰图

3 研发了混凝土输送泵管转角固定支架，解决了传统混凝土输送泵管转角固定不牢，固定支架标准化程度低，泵管接口易脱落、震动大等问题。研究成果形成实用新型专利1项，全国优秀质量管理小组成果1项。

4 提出了空腹楼板结构中悬挑脚手架型钢锚固技术，形成了空腹楼板结构中型钢锚固节点加强、型钢精准定位、部件拆卸回收成套施工技术，提高了空腹楼板结构中悬挑架型钢锚固的可靠性、安全性。研究成果形成工法1项。

5 研发了工字型构件嵌墙预埋配电箱施工技术，解决了传统先支模预留孔洞，拆模后二次安装配电箱工艺中存在的配电箱安装质量差、易变形，周边易空鼓、开裂的问题。研究成果形成实用新型专利1项，工法1项，全国优秀质量管理成果1项。

6 提出了蒸压加气混凝土砌块填充墙薄浆干砌薄抹灰施工工艺，解决了传统灰浆砌筑工艺中工序多，资源消耗大，现场污染大，易空鼓开裂等问题。研究成果形成工法1项。

7 研发了泛水、墙裙、设备基座、支墩铜条嵌边水泥砂浆施工工艺，解决了传统泛水构造易开裂、渗漏、观感质量差，地下室涂料墙裙易受潮霉变，基座不方正等问题，提高了品牌项目创优节点的精细化程度。研究成果形成实用新型专利1项，工法1项。

项目获奖情况

- 2020—2021年度
  中国建设工程鲁班奖
- 2021年度
  中国安装工程优质奖（中国安装之星）
- 2019年度
  全国建设工程项目施工安全生产标准化工地
- 2020—2021年度
  建筑应用创新大奖
- 2020年度
  湖南省建设工程芙蓉奖
  住房和城乡建设部绿色施工科技示范工程
- 2019年度
  第四届中国建设工程BIM大赛一类成果
- 2018年度
  第四届"科创杯"中国BIM技术应用大赛施工组二等奖

住院楼外立面

门诊楼外立面

门诊楼大厅

会议中心

厦门万科湖心岛四五期工程＋绿色建筑全过程关键技术集成创新与工程应用

供稿单位　中国建筑第四工程局有限公司　厦门万科湖心岛房地产有限公司 ————

项目介绍

厦门万科湖心岛项目位于厦门湖边水库片区中心地带，坐拥360°湖景，全方位呈现了落霞与孤鹜齐飞，秋水共长天一色的美景，生态景观资源优良。工程周边交通便利，可通过片区内道路到达城市主干道，湖心岛项目一直受到各大政府、媒体以及市民们的关注，也是厦门的地标工程。

万科湖心岛项目为万科湖心岛2009G07地块，总共分为八期，总建筑面积为294545.59m²，地上建筑面积203152.37m²，地下建筑面积91393.22m²。本工程1~2层为地下建筑，3~39层为地上建筑，建筑高度最高130m，基础为冲孔灌注桩、PHC管桩，采用桩承台筏板形式；地上部分结构体系为钢筋混凝土框架剪力墙结构，地下室结构体系为钢筋混凝土框架结构，主体结构合理使用年限为50年。

厦门万科湖心岛项目全景

科技创新与新技术应用

1 新型模块化太阳能活动房是用工业化的生产方式来建造的房屋，建筑的部分或全部构件完全在工厂预制，然后运输到施工现场吊装而成，从而省略了传统临时建筑繁杂的施工工序，减少了工作量，加快施工速度，降低建造成本。同时应用太阳能发电系统为临时建筑进行供电，与市电并网组成双电源供电系统，充分推进可再生能源的开发和利用，彰显节能环保新理念。

2 便拆式垃圾回收通道及垃圾处理系统的应用，很好地解决了在建楼层建筑渣土清理问题，提高垃圾清运效率，减少资源消耗，有效地防治施工现场扬尘污染，降低施工的成本，提高企业效益。

3 工具式钢板道路通过强度高、可循环利用的钢板作为路面，解决了传统混凝土硬化路面需达到强度要求才能使用的问题，同时钢板可循环使用，节省施工成本，拆除安装时产生的污染及废料极少，符合国家推行的绿色施工要求。

4 针对建筑工程消能减震墙施工技术进行研究，在常规的剪力墙中嵌入关键耗能元件消能键，消能键采用优质耗能钢材精密构造而成，具有极为优异的滞回耗能性能，从而大大减轻了主体结构在地震中的反应，对主体结构起到良好的保护作用，形成了相应的施工新技术。

5 项目研究成果形成专利10项，省级工法3项，论文6篇。

项目获奖情况

- **2017年度**
  福建省闽江杯优质工程奖
  住房城乡建设部绿色施工科技示范工程
- **2016年度**
  中国建筑学会科技进步奖三等奖
- **2019年度**
  中国施工企业协会科技进步奖二等奖
- **2019年度**
  中国循环经济协会科技进步奖三等奖

- **2016年度**
  全国建筑业企业管理现代化创新成果一等奖
- **2017年度**
  福建省优秀工程勘察设计奖住宅与住宅小区设计一等奖
- **2016年度**
  厦门市文明工地

围挡垂直绿化

滚轮式篷布覆盖装配式堆场

高精度砌体

消能减震墙

庭院完成图

卧室完成图

长沙智能终端产业双创孵化基地项目

供稿单位　中国五局第三建设有限公司 ——————————————

项目介绍

　　长沙智能终端产业双创孵化基地项目位于长沙市望城区，占地面积260亩，总建筑面积25.9万m²，工程总造价约16亿元，主要用途为电子洁净工业厂房，服务于高精度、高洁净度要求的手机智能终端生产，年产4500万台手机。项目按照"智能工厂、智能生产、智能物流"的"德国工业4.0"标准工业厂房进行打造。其中主要单体生产厂房主体结构长210m，宽185m，三层钢筋混凝土结构，建筑面积12.8万m²，单层约3万m²超大地坪，是湖南省最大的电子类厂房。项目总工期仅262天，在工程进度、质量、安全、环保等各方面均完美履约。

长沙智能终端产业双创孵化基地项目效果图

科技创新与新技术应用

近年来，随着科技进步及工业发展，现在的工业建筑体量越来越大，技术及精度要求越来越高，而传统的施工工艺、施工方法以及增大劳动力、资源投入的管理方式已无法满足在保证进度的同时，达到工业厂的高技术要求。针对此类高标准的大型工业厂房，在长沙智能终端产业双创孵化基地项目（一期）试行大型工业化厂房快速建造技术，通过后期的全产业链研发，该项技术顺利实施并得以完善。

1 提出超大面积混凝土地面无缝施工技术，编制《超大面积混凝土地面无缝施工技术规范》，形成了超大面积混凝土地面无缝施工关键技术——跳仓法施工技术，缩短了地面施工工期，增强了地面结构的整体性，提高了地面的使用性能。

2 采用三维设计软件，将钢结构分段构件控制点的实测三维坐标，在计算机中模拟拼装形成分段构件的轮廓模型，与深化设计的理论模型拟合比对，检查分析加工拼装精度，得到所需修改的调整信息。经过必要校正、修改与模拟拼装，直至满足精度要求。

3 建立基于BIM技术为核心的总承包项目信息化管理模式，不断尝试将总承包项目管理体系和办公业务相结合，实现项目管理体系的业务数据处理与日常办公事务的信息处理高度集成。根据总承包经营管理模式及业务处理流程，结合项目整体需求，组织协调业主、监理、分包单位，有效提高总承包项目管理过程的整体工作效率。

4 项目研究成果形成省级工法5项，专利5项，论文5篇，QC成果3项，获得BIM奖项6项。

项目获奖情况

- 住房和城乡建设部绿色技术创新综合示范工程
- 2020—2021年度 中国建设工程鲁班奖
- 2021年度 全国优秀项目管理成果一等奖
- 2020年度 湖南省新技术应用示范工程
- 2020年度 湖南省优质工程芙蓉奖
- 2020年度 中建杯优质工程金质奖
- 2019年度 湖南省示范观摩工地
- 2018年度 长沙市建筑施工绿色工地

"跳仓法"施工

"跳仓法"完工

施工过程

盘扣支架

道路、绿化、路灯永临结合

流水施工

仿汉代大型艺术宫殿装饰建筑技术研究与应用

供稿单位 中建七局建筑装饰工程有限公司 ————

项目介绍

汉文化博览园是一个以文化旅游为主题，以汉文化为特色，以振兴、发展汉文化为主旨的综合性文化类博物馆建筑群。该项目位于汉中规划的兴元汉文化国家旅游休闲度假区城市南北轴汉水景观带交汇点，总建筑面积11.88万m²。建成集汉风景点群、汉风商业街群、汉风博物馆群、汉风酒店群、汉风餐饮、汉风演艺等于一体、涵盖吃、住、行、游、购、娱全方位服务的汉文化超级旅游度假区，建成后将成为世界汉文化大会、世界汉学大会、世界汉语大会的永久会址，成为代言中国汉文化的世界级名片。

科技创新与新技术应用

1 研发出仿古建筑屋面叠级铝板、4D蚀刻仿木纹铝单板幕墙和开放式自然面石材背栓干挂集成等建造技术，达到了现代材料仿生技术解决仿古建筑屋面瓦、建筑外立面铝板仿木材、外墙石材仿古建筑石块自然堆砌的装饰效果。基于BIM和VR虚拟技术模拟艺术宫殿装饰建造方法，有效解决了实体样板费工耗材技术难题，实现了绿色建造施工。研究成果形成发明专利2项，实用新型专利5项，论文6篇，省级工法4项，国家级QC成果1项。

汉文化博览园全景

2 研发出超大空间装配式异形仿古壁龛、高大仿古多材质变截面造型柱、仿古建筑室内高大空间造型铝板吊顶装配、大空间复杂铝板吊顶、室内高大空间吊顶彩绘GRG安装和弧形铝板檩条吊顶等施工工法，解决了造型复杂、立体高大、装配精度高等装饰技术难题。研究成果形成发明专利3项，实用新型专利5项，论文13篇，省级工法4项，国家级QC成果1项，获得BIM应用大赛奖2项。

3 研发了重黏土地质苗木种植养护技术，提出了针对重黏土成分进行土壤改良技术及栽植穴内布置梅花桩排气孔施工技术；研发了枯木艺术加工增值关键技术，解决了大型乔木在迁移过程中因各种原因死株问题被废弃的问题，使废弃乔木经过藤本植物结合的方式得以重新利用，为废弃乔木增值。研究成果形成省级工法2项，实用新型专利4项，论文6篇。

项目获奖情况

- **2020年度**
  中国建筑装饰科学技术进步奖一等奖

- **2020年度**
  中建集团科学技术进步二等奖

- **2020年度**
  中国施工企业管理协会工程建设科学技术进步二等奖

- **2020年度**
  河南省工程建设科学技术成果特等奖

- **2020年度**
  河南省建设科技进步一等奖

城市展览馆

博物馆正立面

汉文化大会堂

阶梯水廊

游客中心水下长廊木

纹格栅吊顶

汉乐府

大飨宫

道路转角景观

园林叠瀑

沈阳新世界中心项目

供稿单位 中建铁路投资建设集团有限公司 ————————————————

项目介绍

　　沈阳新世界中心项目地处沈阳商业金廊最南端，东临青年大街、南依沈阳母亲河浑河、西接沈阳新世界花园用地、北靠南二环路，与盛京大剧院交相呼应，闪耀沈城。沈阳新世界中心项目占地面积19.6万m²，总建筑面积102万m²，由5座塔楼及1座裙楼组成。裙楼部分主要由新世界博览馆、K11文化艺术体验中心组成。博览馆，作为香港会议展览中心的姊妹场馆，以高端贸易展览为主，总展览面积为24000m²，其中特别是四层4#展厅的面积达20106m²。博览馆拥有宽敞气派的大堂及走廊，自设多元化餐饮服务，国际水平的科技及设备，以其大体魄、多功能、高品质多方面引领沈阳中央商务区之发展，本工程于2018年1月27日完成竣工验收，现已正式投入使用。

沈阳新世界中心项目全景

科技创新与新技术应用

1 研发了大跨混凝土结构优化及施工关键技术。利用自制滑移小车分段滑移、安装钢梁；取消原设计后浇带，留置施工缝；采用灌浆料与自密实细石混凝土配合的做法浇筑大截面密筋劲性梁。

2 研发了"浮筑地台"隔声降噪系统优化及施工关键技术。提出了"消音隔振层"及"浮动结构层"组合的浮筑地台隔声降噪技术；采用不等高、不等强度隔振块交错布置；在浮筑地台中提出了U-PVC空心楼板的做法。

3 研发了超大金属屋面结构和功能优化及施工关键技术。金属屋面构造轻量化，取消二次防水层及其承托层，采用T型铝合金夹座的无孔无钉化的机械咬合连接技术；采用无配重电动吊篮悬挂技术；采用倾斜格构柱步进式安装，利用自制倾角调节固定装置校准倾斜度。

项目获奖情况

- 2019年度
  辽宁省建设工程优质结构奖
- 2019年度
  辽宁省建设工程世纪杯（优质工程）奖
- 2019年度
  沈阳市玫瑰杯奖
- 2016年度
  沈长哈三市优质工程银杯奖
- 2015年度
  全国工程建设优秀 QC小组二等奖
- 2015年度
  辽宁省工程建设优秀质量管理小组
- 2015年度
  辽宁省建筑钢结构优质工程金奖

劲性梁钢梁滑移定位安装

浮筑地台增设U-PVC管形成空心楼板

倾斜格构柱步进式安装

T型铝合金夹座无孔无钉化机械咬合连接

博览馆内部施工完成

博览馆外部施工完成

在博览馆举办中国城市规划年会

南京丁家庄二期（含柳塘）地块保障性住房项目（奋斗路以南A28地块）——保障性住房高品质工业化建造技术研究与应用

供稿单位　中国建筑第二工程局有限公司、南京安居保障房建设发展有限公司、南京长江都市建筑设计股份有限公司

项目介绍

南京市丁家庄二期（含柳塘）地块保障性住房项目（奋斗路以南A28地块）为南京市租赁式保障性住房民生工程，是江苏省首个全装配式住宅小区，全国产业化示范工程。总用地面积2.27万m²，总建筑面积9.41万m²，由6栋装配式高层公租房与3层商业裙房组成，为预制装配整体式剪力墙结构，预制率31%，装配率67%，填充结构100%采用陶粒板、ALC墙板。

项目以高品质设计、高质量建造为目标，针对保障性住房户型面积小、户型标准化程度高、易于采用工业化建造方式等特点，系统开展了全生命周期条件下保障性住房标准化理论研究、装配式混凝土建筑设计与建造技术、绿色施工与装配化装修等关键技术研究，开发高效适用的装配式建筑产品。

南京丁家庄二期（含柳塘）地块保障性住房项目全景

科技创新与新技术应用

1 提出了适用于保障性住房"全寿命期"标准化、模块化空间可变设计方法，显著提升了保障性住房宜居环境设计水平。研究成果形成江苏省标准设计图集2本。

2 研发了集承重、围护、保温、防水、防火、装饰于一体的夹心保温外墙系统，解决了外墙外保温易脱落、易损害、易起火的技术难题；研发了新型卫生间整体防水底盘、装配式架空地面系统，实现了装饰装修一体化设计、产业化生产、标准化安装。研究成果形成发明专利2项，技术标准1本。

3 研发了低位灌浆、高位补浆的剪力墙套筒施工技术与模拟灌浆装置，确保了连接套筒灌浆饱满度达100%；研发了一套简单的预制墙板插筋定位模具与固定装置，实现了预制构件高精度定位与固定装置可周转化。研究成果形成授权发明专利2项，实用新型专利7项，省级工法1项。

4 开展基于BIM技术的数字化设计与建造研究应用，做到工程质量安全管理全过程可视化、可追溯。成果经鉴定到达国内领先水平。

项目获奖情况

- **2018—2019年度**
  中国建设工程鲁班奖
- **2021年**
  第十九届中国土木工程詹天佑奖
- **2020年**
  中国土木工程詹天佑奖（优秀住宅小区金奖）
- **2020年度**
  全国绿色建筑创新奖一等奖
- **2020年度**
  河南省第十九届优秀工程设计一等奖
- **2019年度**
  江苏省绿色建筑创新项目一等奖
- **2019年度**
  江苏省城乡建设系统优秀勘察设计一等奖
- 第八届（2017—2018年度）广厦奖

装配式混凝土预制构件吊装

集成化夹心保温外墙系统

低位灌浆、高位补浆的剪力墙套筒技术

装配式架空地面系统

装配式装修室内完成效果

应用BIM技术地下车库管线排布成型效果

守拙园（新乡）

供稿单位 河南省第二建设集团有限公司 ——————————————————————————————

项目介绍

守拙园（新乡）地处新乡市荣校东路以南、东明大道以西，总建筑面积76524.91m²，是集住宅、公寓、商业为一体的城市综合体建筑，由河南省第二建设集团有限公司自主开发，项目钢结构、PC构件、玻璃幕墙等绿色建材全部采用"国家装配式建筑产业基地"绿色产品。

项目1#、2#楼为住宅，剪力墙结构；3#楼为公寓，钢框架偏心支撑结构，装配率88%；4#楼为商铺，框架结构。项目主打"清水风"，秉持绿色建造理念，积极推广装配式建筑，全面开启民用建筑大面积应用饰面清水混凝土工艺之先河，研究开发了多项新技术，并进行技术集成应用和创新，显著提升项目建造水平。

守拙园（新乡）工程全景

科技创新与新技术应用

项目践行绿色低碳和科技创新的建造理念，注重采用创新性的功能材料，研发新技术，积极推广装配式建筑，推进新型建筑工业化，开发应用了带栓钉及加强环板的埋入式柱脚、软钢阻尼器减震、清水混凝土外墙挂板、轻钢龙骨轻质隔墙、饰面清水混凝土、光导照明、集中式太阳能热水互联系统等技术，并进行了技术集成应用和创新，显著提升了项目的建造水平。

1 开发应用了带栓钉及加强环板的埋入式柱脚，在保证结构可靠性的同时，有效减少柱脚埋入深度，节省建筑材料，该技术通过了业内专家成果评价。

2 优化设计了钢结构消能减震措施，为结构提供附加阻尼比，提高整体抗震性能，有效减少钢结构梁柱截面。

3 提出装配式清水混凝土外挂板与钢结构体系新型连接节点技术，针对钢结构主体变形较大的特点，实现了装饰构件与主体结构的同步变形，提升了装饰构件安装强度及耐久性。

带栓钉及加强环板的埋入式柱脚

软钢阻尼器

清水混凝土外墙挂板

地上公共部分饰面清水混凝土效果

地下车库

主体结构

项目获奖情况

- 2017—2018年度
中国钢结构金奖
- 住房和城乡建设部绿色施工科技示范工程
- 住房和城乡建设部装配式建筑科技示范工程
- 住房和城乡建设部《装配式建筑评价标准》范例AA级项目
- 第五届中国建设工程BIM大赛二等奖

沈阳文化艺术中心大跨度大悬挑复杂空间结构研究与应用

供稿单位　中国建筑一局（集团）有限公司

项目介绍

　　沈阳文化艺术中心位于沈阳市沈河区浑河河畔，工程占地面积65143.47m²，总建筑面积85509m²，地下共1层，地上共7层，建筑物总高度为60.173m。整体建筑由1800座综合剧场，500座多功能厅，1200座音乐厅及众多辅助用房，设备机房等构成。

　　沈阳文化艺术中心工程基础为钻孔压灌桩加筏板、钻孔压灌桩加地梁的形式。桩总数为1046根，桩长最深达18.8m。筏板厚度大部分为1.5m，筏板顶标高为-4.9m。其中，舞台深基坑筏板厚度为l.8m、基坑深为-21.3m。工程地上结构为二个不规则的钢筋混凝土空间结构竖向垒在一起，成为一个在水平和垂直方向都极不规则的钢筋混凝土空间结构体系，屋盖钢结构为"大跨度非常态无序空间网壳结构"，钢结构外部为玻璃幕墙。

科技创新与技术应用

1 大跨度大悬挑结构在不同结构部位分期施工缓粘结预应力技术。对于关键施工难度大的节点进行三维深化放样，确定预应力在节点处的布置、张拉端处预应力节点及结构张拉对称分散布置。建立结构有限元整体模型，运用MIDAS计算分析软件进行施工仿真模拟计算，制定合理张拉顺序，确保结构受力最合理，预应力相互影响最小。该技术成果形成发明专利1项，实用新型专利1项。

2 高大空间悬挑构件缓粘结预应力混凝土结构卸载与变形控制技术。遵循先从次要构件→主要构件、先楼板→次梁→主梁、先跨中→支座的顺序，等量、缓慢、均衡的进行卸载。该技术成果形成实用新型专利1项，省级工法1项，论文3篇。

沈阳文化艺术中心全景

3 高大空间结构军用梁及军用墩模架支撑技术。模拟施工各阶段、各工况、支撑体系的搭设形式，对军用梁及军用墩模架支撑体系材料类型选择与验算，保证了综合剧场主舞台区域柱、梁的施工质量及安全性能。该技术成果形成实用新型专利1项，省级工法1项，论文2篇。

4 大型铸钢件高空安装技术的创新与应用，采用"铸钢节点高空安装定位、主杆件高空散装、次结构平面分块吊装加部分嵌补的安装方案"，结构中主要受力焊缝大部分均在现场高空完成。该技术成果获得科学技术成果奖1项，形成工法1项，论文3篇。

项目获奖情况

- 2014年度
  中国钢结构金奖
- 2014—2015年度
  中国建设工程鲁班奖
- 2013年度
  全国优秀焊接工程一等奖
- 2014年度
  "沈长哈"三市优质工程金杯奖
- 2013年度
  辽宁省建筑业绿色施工示范工程
- 2014年度
  辽宁省建设工程世纪杯奖

高空定位现场（103t铸钢件）

音乐厅屋面缓粘结预应力钢绞线施工

音乐厅悬挑预应力结构拆模

综合剧场主舞台军用梁安装

音乐厅施工完成

休息平台浮筑地面及音乐厅立面

夜景

商丘市污水管网和中水管网工程老旧城区地下排水管网顶管施工关键技术研究与应用

供稿单位　中国建筑一局（集团）有限公司 ─────────────────────

项目介绍

商丘市污水管网和中水管网工程位于河南省商丘市，于2017年9月4日开工，2019年2月10日竣工，工程总造价4.59亿元，是商丘市群众关注的水系综合治理工程。本项目将道路与沿河道的污水引入污水处理厂，实现雨污分流，有效避免污水排入内河，造成内河水系污染，是商丘市政府重要的民生工程。

商丘市污水管网和中水管网工程全长约42km，共设检查井335座，其中沉井221座，砖砌井114座；全线采用机械顶管和人工顶管施工，其中机械顶管约36.5km，人工顶管约5km，机械顶管管材为"F"型Ⅲ级钢筋混凝土钢承口管，人工顶管管材为"F"型Ⅱ级钢筋混凝土钢承口管。

商丘市污水管网和中水管网工程效果

科技创新与新技术应用

1 对传统泥水平衡顶管关键技术进行系统性整理，并进行优化设计，研究成果形成实用新型专利2项，论文2篇。

2 "顶进用管材加强技术"对管材的应力集中区域进行补强，相比于现有顶管，增大了顶进距离，减少顶进过程中裂缝的产生和破坏的发生，相比钢管造价更低。研究成果形成实用新型专利1项，论文2篇。

3 "临时修复装置"化解了管材一旦发生破坏无法顶进的难题，相比开挖机头反向顶进，临时装置施工简单，大部分结构可以重复使用，具有明显的工期优势和经济效益优势。研究成果形成实用新型专利1项。

4 对注浆施工进行了监测和分析，找出实际施工中的注浆量与理论注浆量的区别，从而更好地指导施工的进行，研究成果形成发明专利1项，论文2篇。

5 可周转人工顶管工作井钢板箱支护施工技术，相对传统大开挖，保证了基坑和顶管施工安全；相对于沉井支护，方便快捷可拆卸，可以循环利用，节省工期和造价。研究成果形成实用新型专利2项，省部级工法1项。

6 长距离大管径曲线顶管施工技术通过采用平木垫片来调节或消除管间间隙，在直线顶管的基础上对曲线段超挖部分加强注浆，可避让无法下穿的重要建筑或地下构筑物。研究成果形成省部级工法1项，论文3篇。

7 复杂地质情况下临近建筑物沉井下沉施工技术，保障在沉井下沉及顶管过程中临近构筑物不被破坏，减少了沉井在建筑物附件无法施工或施工产生沉降大的难题，具有明显的技术优势。研究成果形成省部级工法1项，论文1篇。

项目获奖情况

- **2019年度**
  中国建筑一局（集团）有限公司科技推广示范工程
- **2020年度**
  北京市工程建设BIM应用成果单项应用Ⅱ类成果
- **2020年度**
  中国建筑一局（集团）有限公司科技成果奖三等奖
- **2020年度**
  中国建筑协会工程建设质量管理小组活动成果大赛Ⅱ类成果
- **2021年度**
  中国施工企业协会首届工程建造微创新大赛二等奖
- **2020—2021年度**
  建筑创新应用大赛

泥水平衡顶管路线

顶管受力研究

加强型顶管

高压旋喷桩加固

可周转钢板箱

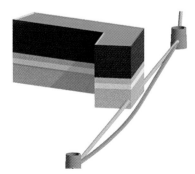

曲线顶管模拟

无锡苏宁广场项目软土环境超高层综合施工技术研究与应用

供稿单位　中建一局集团第二建筑有限公司 ———————————————————

项目介绍

　　无锡苏宁广场建筑高度328m，建筑面积314759m²，为超高层大型城市综合体。项目总投资40亿元，合同总工期1314天。周围环境复杂，北侧紧邻正在进行施工的地铁基坑；东西侧基坑与道路边线最短距离处约为5.0m；南侧邻近仿古建筑，该建筑地4层，与无锡地铁相通，建成后已成为无锡市中心地标性建筑。

　　项目基坑开挖总面积为23050m²，总方量约为40万m³，南方典型的软土地基，北塔楼为超高层，采用混合结构（SRC柱、钢梁、混凝土核心筒）体系，体量大（总面积10万m²，钢结构总量为1.4万t）；结构复杂（3道钢结构桁架避难层，顶部设置斜屋面造型）。

项目获奖情况

- **2016年度**
  北京市建设工程优秀项目管理成果一等奖

- **2016年度**
  中国建筑工程总公司科技推广示范工程

- **2017年度**
  中国施工企业管理协会科学技术进步奖二等奖

- **2016—2017年度**
  国家优质工程奖

- **2014年度**
  中国钢结构金奖

无锡苏宁广场全景

科技创新与新技术应用

1 基于有限元原理，分析软土地基下的超高层结构深基坑的防渗结构（三轴搅拌桩），基坑的维护结构（钻孔灌注桩），基坑的支护结构（内支撑）以及开挖过程分区分期的施工综合技术，成果形成论文1篇。

2 深基坑支撑梁拆除阶段采用了延迟控制爆破施工技术，在浇筑支撑梁混凝土时预埋炮孔，爆破后混凝土与钢筋全部分离，混凝土块状粒径小于30cm，便于后期清渣且可作为回填料使用，成果形成省部级工法1项。

3 利用型钢及钢管搭设成为整体外防护架体，作为操作平台及外防护使用，其中架体采用地锚固定于楼板上，并采用型钢反顶结构上部梁来达到保险的目的，成果形成发明专利1项，省部级工法1项。

4 本项目施工过程中共布置2套泵管，一套用于内筒混凝土浇筑，一套用于外框架楼板及框架柱混凝土浇筑，在楼面上约150m高度布置水平缓冲管，成果形成论文2篇。

5 超高层循环水洗泵节水系统，设在地泵层的混凝土废水收集池、沉淀层的沉淀池和蓄水层的蓄水池，通过管道的连接各组成部分形成一套完整的循环节水系统，成果形成实用新型专利1项，省部级工法1项。

6 根据塔吊零件最大构件重量，并考虑屋面吊性能、屋面吊选址及结构承载，进行屋面吊的定位，进而开展塔吊拆除工作，成果形成论文1篇。

7 综合考虑机位间距、钢梁及钢梁埋件位置、桁架位置、塔吊位置、筒内钢柱位置等因素，对液压爬模机位进行布置；根据爬模可分区爬升的特点，将核心筒共划分为2个施工段进行流水施工，成果形成论文1篇。

8 避难层钢构件数量多、质量大、焊接工作量大且质量要求高、桁架安装精度要求高，施工中主要采取将桁架分成多个吊装单元进行分段、分片运至现场、安装，成果形成省部级工法1项，论文1篇。

9 通过有限元计算和理论分析，定量描述超高层建筑（北塔）核心筒和外框架之间的差异变形，在ANSYS有限元模拟分析中的外钢框架采用线单元模拟，混凝土核心筒和楼板均采用板壳单元模拟，成果形成论文1篇。

10 利用BIM技术在建模过程中就完成了图纸会审的工作，且结合Navisworks软件的软碰撞、硬碰撞功能实现对机电管线的碰撞检测、管线深化工作，成果形成论文1篇。

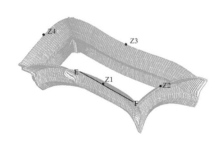

基坑开挖围护桩变形模拟

深基坑支撑梁延迟控制爆破技术

超高层结构外框架柱悬挑定型防护构造

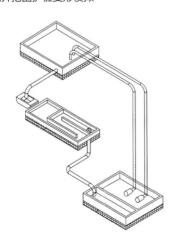

超高层循环水洗泵节水系统构造

桁架避难层施工完成

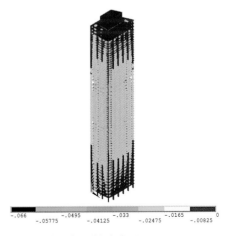

模拟施工过程竣工时竖向变形

既有建筑保护性更新改造综合施工技术

供稿单位 广东省建筑工程集团有限公司 ————————————————

项目介绍

　　广州白天鹅宾馆位于广州市荔湾区沙面南街1号，由霍英东先生与广东省人民政府投资合作兴建而成，由中国著名的建筑设计大师佘畯南和莫伯治共同设计，是第一座由中国人自行设计且被评为文物的五星级酒店，毗邻三江汇聚的白鹅潭，独特的庭园式设计与周围幽雅的环境融为一体。

　　广州白天鹅宾馆总占地面积约3万m²，总建筑面积10.77万m²，建筑总高度102.75m，塔楼外形近似菱状，南北面长度约81.7m，东西面长度约18m，于1983年开业使用至今。因宾馆建筑结构及机电设备陈旧，在保护馆内故乡水等镇店之宝以及独有的建筑风格的基础上实行保护性更新改造，室外以修缮为主局部结合整体风貌进行更新改建，室内充分尊重既有典型空间和岭南风韵装饰而实现岭南园林与岭南建筑相结合的岭南建筑文化传承和发扬。

广州白天鹅宾馆全景

科技创新与新技术应用

1 针对既有建筑结构加固工程室内施工作业面狭小、成品保护难度大等特点，研发了双套管微型钢管桩基础加固施工技术等4项新技术，很好地解决了既有建筑结构隐患的改造问题。研究成果形成发明专利1项，实用新型专利4项，省级工法2项，申请发明专利2项。

2 结合文物保护的特殊要求，外立面以修缮、更新为主，土建改造结合装修、机电工程一体化设计、施工，研发了后置式可复用联结件外墙脚手架施工技术、分中滑移法拆除大跨度钢屋盖施工技术等6项新技术，避免了二次施工增加对既有建筑的破坏，保留其历史风貌。研究成果形成发明专利1项，实用新型专利5项，省级工法3项。

3 在既有建筑机电系统升级改造工程中，加强节能环保意识，控制机电设备系统能耗，研发了空调系统节能改造技术、热泵蓄热策略优化技术等5项新技术，使完成项目满足绿色建筑二星设计要求，为同类工程提供了较好的指导和借鉴作用。研究成果形成发明专利1项，实用新型专利1项，省级工法4项。

项目获奖情况

- 2018年
  入选国际绿色（建筑）解决方案大奖
- 2019年
  入选国际最佳节能技术和最佳节能实践（双十佳）项目
- 2020年度
  广东省建筑业协会科学技术进步奖一等奖
- 2020年度
  广东建工集团科技进步奖一等奖

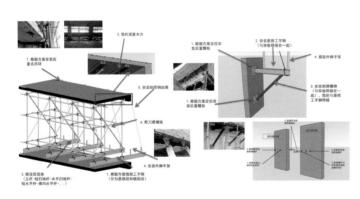

后置式可复用联结件外墙脚手架施工技术

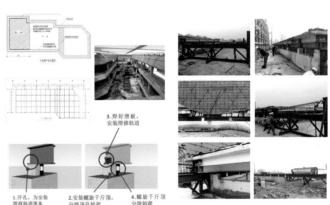

分中滑移法拆除大跨度钢屋盖施工技术

"故乡水"保护性改造完成

白天鹅宾馆会议厅改造完成

广州白天鹅宾馆（侧）

西南地区海绵城市道路桥梁综合施工技术——宁波路东段（二期）（原兴隆34路）项目

供稿单位 中建一局集团第五建筑有限公司

项目介绍

西南地区海绵城市道路桥梁综合施工技术是依托于宁波路东段（二期）项目，归纳总结形成的一项创新应用技术。该依托工程位于四川省成都市天府新区，是一条包含海绵道路、桥梁、管线、绿化等工程的市政项目，项目于2016年3月10日开工，2019年4月11日竣工。该项目道路全长1.4km，工程决算1.52亿元，是成都市天府新区首个海绵城市道路示范段。

项目全线道路主要包括了海绵城市示范道路、上承式箱型拱桥、透水型人行道等特色内容。本项目主要为城市主干路和城市次干路，设计速度40～60km/h。项目建成通车后的道路可实现海绵城市理念，尤其是海绵城市道路车行道，有效地实现了海绵透水、降噪等功能，透水人行道可快速排水，减少道路积水问题。

海绵城市道路实景

科技创新与新技术应用

1 创新应用了一种透水型的车行道路结构，研制形成城市道路海绵化承重混凝土施工技术，并应用了海绵化道路抗裂渗水分流层施工技术，解决了城市车行道透水路面的承载力问题并总结形成了符合西南地区温室环境的透水道路施工技术。研究成果形成发明专利1项，实用新型专利1项，工法3项，论文3篇。

2 设计应用了格构式临时桥墩加贝雷梁与满堂架的大跨度上承式拱桥复合支撑体系，创新的应用了箱型盖模施工体系，解决了曲线段简支梁箱梁架设困难，解决了跨越城市河道的大跨度桥梁施工技术难题，总结形成大跨度箱型拱桥结构成套施工技术。研究成果形成实用新型专利5项，工法4项，论文3篇。

项目获奖情况

- **2019年**
  依托工程宁波路东段（二期）获住房和城乡建设部（市政公用类）科技示范工程
- **2020年**
  "西南地区海绵城市道路桥梁综合施工技术"获华夏建设三等奖
- **2019年**
  "西南地区海绵城市道路桥梁综合施工技术"获中国施工企业管理协会科技奖二等奖
- **2021年**
  "海绵城市道路桥梁综合建造技术"获中国交通运输协会科学技术奖三等奖
- **2021年**
  依托工程宁波路东段（二期）获得中建一局精品杯工程

橡胶沥青封层摊铺

抗裂渗水分流层摊铺

透水混凝土基层摊铺

箱型拱桥钢筋绑扎及模板安装

箱型拱桥整体

海绵道路及绿化

中国·延安圣地河谷文化旅游中心区金延安板块钟鼓楼工程+明清式仿古建筑施工综合技术研究与应用

供稿单位　中国建筑一局（集团）有限公司

项目介绍

延安圣地河谷一期钟鼓楼项目坐落于延安市西北方向，紧邻延河，由中国建筑西北设计研究院有限公司负责设计，陕西旅游集团公司投资兴建；本项目主要由一座仿明清钟鼓楼建筑及周围商业用房组成，其中工程总建筑面积45035m²。钟鼓楼位于项目的核心区域，设计特点为仿明清楼阁大式建筑，结构体系为混凝土框架结构，由台基、屋身及屋顶构成，建筑总高度为21.4m。

作为弘扬红色旅游文化的重要组成部分，本工程以延安老城风貌为蓝本，利用现代建造技术与传统匠作工艺结合，将轻集料混凝土施工与传统木作施工相融合，重现了延安古钟楼风貌。该项目意在通过延安老城明清古建与"红色延安"相结合以提供具有传统意向的休闲、旅游、购物，从而更好地带动老区红色旅游文化发展，进而弘扬爱国主义精神。同时作为仿古建筑的一次施工材料与技术的创新和突破，本工程对未来仿古建筑的建设具有一定的借鉴意义。

中国·延安圣地河谷文化旅游中心区金延安板块钟鼓楼实景

科技创新与新技术应用

1 发明创造了一种木作斗栱与钢筋混凝土结构连接安装及制作方法；对部分结构进行预留孔洞和利用劲性结构方钢，与传统斗栱安装连接，有效解决了对传统木作斗栱与现代混凝土结构连接的难题。

2 创新性地提出采用轻集料混凝土作为古建整体承重结构材料，优化后结构自重减轻，安全性能提高；木作斗栱与轻集料混凝土结构结合的方式（轻集料混凝土结构承受荷载，木作斗栱只起到装饰作用），在保证结构强度的同时也保证了建筑的仿古效果，并为后期对建筑进行维护提供了方便。

3 研发了明清式仿古建筑屋面整体施工技术，解决了轻集料混凝土仿古屋面结构构件形式复杂多样、高度和角度多变的施工难题，很好地达到了古代建筑屋面体系及檐口的效果。

4 经科技成果鉴定，明清式仿古建筑施工综合技术研究与应用成果达到了国际领先水平。研究与应用成果形成发明专利1项，省部级工法2项，省级QC成果2项，核心期刊论文1篇。

项目获奖情况

- **2018年度**
  陕西省建筑业创新技术应用示范工程
- **2018年度**
  陕西省建筑业绿色施工示范工程
- **2015年度**
  陕西省建筑优质结构工程
- **2015年度**
  陕西省省级文明工地
- **2018年度**
  延安市建设工程宝塔杯奖（市优质工程）
- **2019年度**
  中建一局集团精品杯工程
- **2019年度**
  中国施工企业管理协会工程建设科学技术进步奖二等奖
- **2021年度**
  陕西省建设工程技术发明奖二等奖

轻集料混凝土试配

轻集料混凝土承重结构檐口效果

斗栱安装过程

斗栱安装完成效果

屋面檐椽模板分档定位现场支设

屋面瓦作施工效果

百子湾保障房项目公租房地块（1#公租房等37项）

供稿单位 北京住总集团有限责任公司 ──────────────────

项目介绍

百子湾保障房项目位于北京市朝阳区百子湾，于2016年4月24日开工，2019年12月20日竣工，是集结构工业化、精装工业化、超低能耗被动房、高挑钢结构走廊等新技术和复杂工艺于一身的建筑；是北京市公租房的典范之作，被北京日报等媒体誉为"最美公租房"。

本项目总建筑面积约220987.87m²，地上建筑面积129147.71m²，地下建筑面积91840.16m²；地下共3层，地上6~27层，由5栋装配整体式剪力墙结构高层住宅楼、1栋现浇剪力墙结构超低能耗住宅楼及钢结构连廊、附属配套、地下车库等23个单位工程组成。本项目采用8类预制构件，共1.8万余块，预制率约为45%；住宅楼共2015户，均为装配式装修，整体装配率达到80%。

百子湾保障房项目全景

科技创新与新技术应用

1 研发了高度可调、宽度可限的新型封仓工具，有效保证封仓塞缝密实、封仓缝宽度满足设计要求、灌浆连续无漏浆，提高了封仓施工的质量，进而保证了竖向预制构件安装质量。研究成果形成实用新型专利1项，获得全国QC成果一等奖。

2 研发了墙顶阴角定型模板体系及其施工技术，通过钢托架结合穿墙螺栓来固定方钢龙骨，可有效地避免混凝土浇筑过程中出现漏浆，提高混凝土的浇筑质量。研究成果形成实用新型专利1项。

3 研发了套筒穿孔钢钉悬挂定位钢板，保证了预制墙体的安装精度，并提高转换层施工效率，节省费用。研究成果形成发明专利1项，市级工法1项，获得全国QC成果二等奖。

4 研发了改良型附着式升降脚手架，脚手架整个架体覆盖2.5倍结构楼层，相比传统爬架，高度减小50%，自重减轻，避免了对预制外墙保温板和外页板的破坏，安拆便捷，节省费用。

项目获奖情况：

- **2021年**
  中国土木工程詹天佑奖（优秀住宅小区金奖）

- **2020—2021年度**
  北京市建筑长城杯金质奖

- **2019—2020年度**
  北京市结构长城杯金质奖

  住房和城乡建设部绿色施工科技示范工程

  《装配式建筑评价标准》范例项目

- **2019年度**
  北京市建筑业绿色施工示范工程

  "十三五"国家重点研发计划——近零能耗居住建筑示范工程

- **2018年度**
  全国建设工程项目施工安全生产标准化工地

  "十三五"国家重点研发计划绿色建筑及建筑工业化重点专项示范工程

- **2017年度**
  北京市青年安全生产示范岗

转换层钢筋定位施工

钢结构架空廊施工

主体结构施工

室内精装修施工

室内精装修完成

架空廊完成

海宁工贸园2#厂房太阳墙空气加热系统

供稿单位 江苏日出东方康索沃太阳墙技术有限公司 ————————————

项目介绍

　　海宁工贸园2#厂房太阳墙项目位于江苏连云港，太阳墙空气加热系统于2018年7月建设完成。太阳墙安装在车间的东里面、南立面和西立面上，集热面积总共2980m²，配置14个轴流风机，每台风机风量8000m³/h，系统总风量为32000m³/h，采用布袋式风管均匀送风，采用专用控制系统控制，以布袋式风管均匀向室内输送热风，解决厂房工作区域供暖，改善工作环境。

海宁工贸园2#厂房太阳墙项目全景

科技创新与新技术应用

1 开发出高吸收抗氧化性太阳光谱选择性涂层制备关键技术，并研制出太阳墙外表面光谱选择性吸收高效集热系统，实现了对太阳光热的高效采集。

2 开发出高发射组合式膜层制备关键技术，并研制出太阳墙内表面高效传热系统。

3 开发出太阳光热多孔微蓄能技术，并研制出多孔矩阵微蓄能蓄热系统，解决了系统储热和空气净化的关键技术难题，实现了太阳能热空气的高效蓄积，同时通过微孔矩阵过滤，实现新风净化。

4 开发出太阳墙与空调智能化耦合采暖技术，解决了太阳墙采暖系统与空调系统的智能化耦合关键技术难题，以实现系统的全天候运行和节能舒适的采暖效果。

5 开发太阳墙夏季逆效应技术，降低建筑制冷能耗。

6 开展多孔太阳墙板均匀传热技术研究，减少能量逸散，提升系统效率。

项目获奖情况

- **2018年度**
  中国生产力促进中心协会"中国好技术"称号
- **2019年度**
  江苏友谊奖

支撑龙骨安装

太阳墙设计效果图

太阳墙吸热板安装

太阳墙吸热板安装完成

室内风管

室内动力风机

单项应用
创新类

装配式建筑应用创新类

省直青年人才公寓金科苑项目+竖向分布钢筋不连接装配整体式剪力墙结构体系的应用

供稿单位 中国建筑第八工程局有限公司

项目介绍

省直青年人才公寓金科苑项目作为河南省政府"筑巢引凤"政策下的重点项目，是河南省人才强省战略政策下打造的12大重点民生工程之一，也是十个省直青年人才公寓中体量和规模最大的项目。

项目场地位于郑州市金水科教园区东部大河路与107辅道立交东南。项目总建筑面积613539m²（其中地上建筑面积375040.6m²，地下建筑面积238498.4m²，总户数3616户，总车位数4293个，建设内容包含住宅、社区大堂、幼儿园、地下车库及配套公共服务用房）。地下结构形式为筏板—混凝土结构，在结构形式上各住宅楼四层及以上为预制装配式剪力墙结构，二层及以上楼板采用预制叠合板，建筑高度34.9m，装配式结构标准层层高2.9m；地下车库、幼儿园、配套用房、开闭所为钢筋混凝土框架结构。

省直青年人才公寓金科苑全景

科技创新与新技术应用

本项目应用装配式剪力墙、装配式叠合板、预制楼梯、预制空调板、预制飘窗、预制阳台等，综合装配率达50%以上。采用竖向分布钢筋不连接装配整体式剪力墙结构体系、花篮式悬挑脚手架、外墙一体化保温板、BIDA一体化技术、混凝土裂缝控制技术、高强钢筋直螺纹连接技术、装配式混凝土结构建筑信息模型应用技术等28项新技术。

项目注重科学技术的创新与应用，获得省部级科技创新奖5项，省部级工法6项，发明专利10项，实用新型专利23项，国家级QC成果1项，省部级QC成果17项，发表论文15篇。

获奖情况

- 2021年度
  中建集团科学技术奖一等奖
- 2020—2021年度
  建筑应用创新大奖
- 2020年度
  郑州市建筑工程质量标准化示范工地认定第一名
- 2021年
  第十二届"创新杯"建筑信息模型（BIM）应用大赛二等成果
- 2021年
  第十届"龙图杯"全国BIM（建筑信息模型）大赛三等奖

基础阶段

首块筏板浇筑

首栋主楼地下室结构封顶

首批PC构件进场

首块PC构件吊装

首栋主楼封顶

浙江省绍兴市宝业新桥风情项目

供稿单位 中国建筑标准设计研究院有限公司 浙江宝业房地产集团有限公司 ————

项目介绍

宝业新桥风情项目位于绍兴市区北海街道，东临越西路，南临西郊路，西面紧贴新桥江，地块南北狭长，成不规则形状。占地面积41158m²，容积率2.3，总建筑面积约139000m²。

项目以国际先进的绿色可持续发展理念，创新引领提出了新理念、新标准、新体系和新供给，引领了我国住宅可持续建设的新方向。项目围绕着百年住宅核心体系，在建设产业化、建筑长寿化、品质优良化和绿色低碳化方面取得了一系列创新性成果和集成关键技术，是目前绍兴首个集百年、适老、科技于一体的标杆性代表项目。

项目获奖情况

- **2021年**
  中国土木工程学会詹天佑奖（优秀住宅小区金奖）
- **2020年度**
  华夏建设科学技术奖一等奖
- **2020年度**
  浙江省优秀安装质量奖
- **2020年度**
  浙江省安装行业样板和（精品）工程
- **2020年度**
  浙江省优秀建筑装饰工程

宝业新桥风情项目鸟瞰图

科技创新与新技术应用

　　项目以装配化建造方式为基础，统筹策划、设计、生产和施工等环节，实现新型装配式建筑结构系统、外围护系统、设备与管线系统、内装系统一体化建造和高品质部品化集成。

1 建筑结构系统采用"西伟德"体系和国标体系，两种装配式结构体系提高了住宅建筑支撑体的安全性能、抗震性能和耐久性能，其设计使用年限达到了100年。

2 内装系统采用了SI体系与干法施工集成技术，采用六面架空、同层排水、集中管线以及墙体与管线分离施工等技术。在后期调整室内格局及更换管线时，不会损伤到主体结构，规避了传统住宅维修不便、更换困难、装修大动干戈的窘境。

3 外围护系统中采用内保温的集成技术解决方案，既可解决传统外保温方式的外立面耐久性问题，也可为墙内侧的管线分离创造条件，采用树脂螺栓的架空墙体，管线完全分离、方便维修更新。

4 设备与管线系统采用管线与主体结构分离的方法，在方便管线更换的同时，不破坏主体结构。在承重墙内表层采用树脂螺栓或轻钢龙骨，外贴石膏板，形成贴面墙的构造。

叠合板楼板吊装作业

套筒灌浆作业

外立面效果

PC楼梯、叠合墙工法展示

PC实心套筒墙板吊装作业

干湿分区卫生间+整体卫浴

建筑机电工程装配式机房快速建造技术研究与应用

供稿单位　中建八局第一建设有限公司 ————————

项目介绍

天津鲁能绿荫里项目位于天津市南开区核心地带，于2014年7月30日开工，2019年1月29日竣工。项目是集高级住宅、五星级酒店、高级办公、商业为一体的大型复杂的城市综合体，为天津市重点工程。项目总建筑面积55万m²，其中地下总建筑面积24.2万m²，地上总建筑面积30.8万m²，建筑单体最高达198m。项目酒店制冷机房面积约578m²，包含6台制冷机组、20台循环水泵、16台水处理设备、860m管道和363个阀门部件，机房空间狭小、设备数量多、尺寸大，机电专业系统复杂。

科技创新与新技术应用

1. 研发了基于BIM的模块化设计技术，实现了模块化装配式机电安装的快速深化设计，解决了装配模块设计划分难题。该成果形成软件著作权1项，发明专利2项，实用新型专利1项。

2. 研发出数字化工厂预制加工技术，实现了BIM设计软件与工厂自动加工设备的数据对接。该成果形成专利2项，工法1项。

3. 开发了基于BIM的建筑信息管理技术，实现了机房机电设备及管线装配模块从设计、预制加工、运输到装配施工的全过程信息跟踪管理。该成果形成软件著作权3项，专利1项，工法1项。

天津鲁能绿荫里项目效果图

项目获奖情况

4 创新了装配施工综合技术，解决了预制模块运输和施工安装的难题。该成果形成专利8项，工法2项，论文1篇。

5 提出了装配式施工误差综合补偿技术，解决了装配式施工误差点多、误差不易消除的难题。该成果形成专利1项。

- **2017—2018年度**
中国安装工程优质奖（中国安装之星）
- **2018—2019年度**
中国安装协会科学技术进步奖一等奖
- **2017年度**
中国施工企业管理协会科学技术进步奖二等奖
- **2018年度**
中建集团科学技术奖二等奖

- **2019年度**
华夏建设科学技术奖三等奖
- **2019年度**
第五届全国职工优秀技术创新成果优秀奖
- **2020年度**
中国质量协会质量技术奖优秀奖

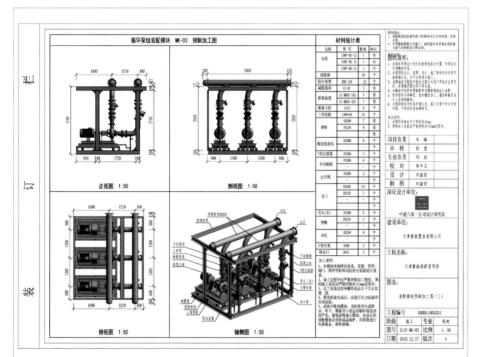

基于BIM的模块化设计

管段预制加工

预制模块栈桥式轨道移动

预制管排整体提升

循环泵组装配模块

装配式机房实景

南京丁家庄保障房A28地块——预制装配式混凝土结构BIM技术辅助施工技术

供稿单位　中国建筑第二工程局有限公司华东分公司 ————————————————

项目介绍

本项目依托于南京丁家庄二期（含柳塘）地块保障性住房项目（奋斗路以南A28地块），总建筑面积9.41万m²，由6栋预制装配整体式剪力墙结构高层住宅组成，预制率31%，装配率67%。本项目为南京市租赁式保障性住房民生工程，是江苏省首个全装配式住宅小区，为江苏省工业化示范项目，住房和城乡建设部科技示范工程项目。

项目从策划、预制构件及设备管线深化设计、施工过程及运维等过程均采用BIM技术施工应用。项目实施中，把BIM技术管理应用到项目的检测、验收、质监及备案环节质量监督管理的过程中，旨在为提高工业化项目质量监管水平，加强工程质量监督与检测工作提供有力的技术支撑和决策参考。

南京丁家庄保障房项目全景

科技创新与新技术应用

1 研究梳理了装配式混凝土建筑的生产与管理过程，从利于质量管控的角度明确划分出各方之间的工作界面及各方的质量管控要点。研究成果形成政策建议1项，论文1篇。

2 将装配式混凝土建筑的设计、构件生产、运输和施工过程的质量信息数据整合在同一云平台上，实现质量管理的交互式、可视化、协同化、动态跟踪和远程控制。研究成果成功应用于省级示范工程1项，论文1篇。

3 应用BIM技术的装配式构件二维码

或芯片为建筑生产的质量可追溯性提供了极大便利。提出的基于BIM的协同质量管控平台则为实时追溯性的实施提供了基础条件。研究成果形成政策建议1项。

4 基于BIM技术的装配式建筑技术数据的标准化、信息化和共享性等特点，以及构件芯片和传感器技术与移动识别和通信技术的无缝对接，为实现集成BIM技术的城市建筑运维使用实时监测与预警的安全云端管理平台提供了技术可行性，并设计了系统总体框架、逻辑结构和物理结构以及管理流程。

项目获奖情况

- 2018—2019年度
  中国建设工程鲁班奖
- 2021年
  第十九届中国土木工程詹天佑奖
- 2020年度
  全国绿色建筑创新奖一等奖
- 2020年
  中国土木工程詹天佑奖（优秀住宅小区金奖）
- 第八届（2017—2018年度）广厦奖
- 第七届"龙图杯"全国BIM大赛三等奖
- 第二届"华春杯"全国BIM技术应用大赛二等奖

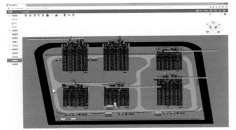

BIM技术三维场布

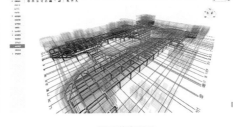

施工进度显示

BIM技术施工区域划分与施工进度管理

施工区域规划

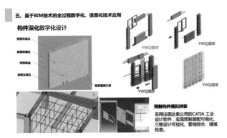

预制装配式混凝土结构BIM技术深化设计

预制装配式混凝土结构BIM技术施工模拟

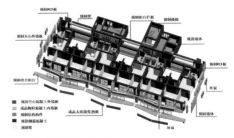

BIM技术预制构件拆分

BIM技术户内标准化拆分

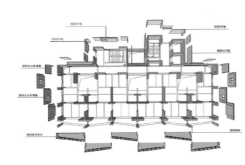

建筑立面实景

装配式劲性柱混合梁框架结构体系

供稿单位 中国建筑第七工程局有限公司 ─────────

项目介绍

　　年产100万m²装配式预制构件建设项目综合楼，地上共4层，建筑高度为17.5m，总建筑面积6037.19m²，抗震设防烈度为7度，结构抗震等级四级，为多层公共建筑。本工程混合梁构件共计269块，其中二层混合梁构件145块，梁长小于3m时为纯钢梁型混合梁，梁长大于3m时为钢混合梁。本工程结构体系为装配式劲性柱混合梁框架结构，劲性柱采用Q345、Q235-B焊接成型。劲性柱四周焊接有栓钉，一二层钢柱在标高-0.050m以下的栓钉直径19mm×80mm，-0.050m以上的栓钉直径13mm×40mm且间距为300mm，三层以上钢柱的栓钉直径13mm×40mm且间距300mm。钢柱四周包裹缠绕A4-150×150钢筋网片，并于钢柱栓钉绑扎牢固，再外包50mm厚的C30微膨胀自密实混凝土。预制劲性柱在新密厂区车间内完成生产。

科技创新与新技术应用

1 研发了装配式劲性柱混合梁框架结构体系。提出了以劲性柱、混合梁为基本构件的新型装配式结构体系，确定了不同类型构件间的连接节点与构造措施。

2 针对装配式劲性柱混合梁框架结构整体性能和抗震性能问题，开展了连接节点和框架结构拟静力和振动台等系列试验。在此基础上，进行了该结构体系非线性有限元三维静动力仿真分析，揭示了该类结构受力机理、破坏模式和失效路径，发现了该结构体系连接可靠、抗震性能和耗能性能良好。

年产100万m²装配式预制构件建设项目综合楼（新密产业园）效果图

3 构建了装配式劲性柱混合梁框架结构体系的设计理论和方法。基于试验结果、数值仿真和受力机理分析，首次提出了该结构体系的混合梁承载力、节点承载力等计算公式，建立了基于能量等效及一致目标层间侧移的新型框架结构优化设计方法，形成了该结构体系成套设计方法。

4 研发了装配式劲性柱混合梁框架结构体系的构件生产设备与装配施工工艺。创新了预制构件自动化流水生产综合布局技术，研发了自动追光太阳能与燃气联动的分区控温立体蒸养和可调螺栓组精确定位调整等装置，开发了基于BIM和RFID的装配式建筑智能管理系统，实现了该结构体系的优质高效智能生产和装配施工。

5 研究成果经鉴定，达到国际先进水平，形成发明专利4项，实用新型专利4项，软件著作权1项，SCI论文1篇、EI论文3篇，专著1部，地方行业标准1部。

项目获奖情况

- **2016年度**
  河南省住房和城乡建设厅科技进步奖一等奖

- **2016年度**
  中国施工企业管理协会科技创新成果一等奖

- **2021年度**
  河南省科学技术进步奖二等奖

劲性柱预制

劲性柱安装

劲性柱节点安装详图

框撑体系施工图

综合楼建设完成

国家雪车雪橇中心木结构遮阳棚

供稿单位 苏州昆仑绿建木结构科技股份有限公司 ————————

项目介绍

国家雪车雪橇中心位于北京延庆小海坨山南麓，由李兴钢大师设计，全长1975m，共设置16个弯道，建造时间2019～2020年，是北京冬奥会竞赛场馆中设计难度最大、施工难度最大的新建场馆。作为中国首条雪车雪橇赛道，它承担了北京冬奥会和残奥会雪车、钢架雪车、雪橇三个项目的全部比赛内容。

苏州昆仑绿木结构科技股份有限公司作为现代木结构建筑行业的龙头企业，承担了雪车雪橇赛道木结构遮阳棚屋顶1/123～1/254轴的生产和安装任务，包括世界唯一的一条360°回旋弯赛道。

木结构遮阳棚施工包括141榀胶合木组合梁和15000m²屋面的施工，其中所用木梁均为重型异形木结构件，最大构件长度超过17m（悬挑超过12m），高度接近3m，且都为异形梁，几乎各个零部件都有差别，生产难度极大。

360°回旋弯赛道

国家雪车雪橇中心木结构遮阳棚全景

科技创新与技术应用

1 胶合木生产过程中使用的结构用锯材分等关键技术与设备，改变了国内木材分等依靠人工目测的现状，实现对锯材的科学等级划分，利用木结构组合制造工艺，提升了胶合木的受力性能和质量。

2 智能设计方面，采用基于参数化软件平台自主编程的深化设计工作流程，前端对接建筑师方案模型，后端对接工厂生产制造构件，通过参数化软件将前后端打通。计算的工作由电脑程序承担，设计师更多的是赋予边界条件及把控程序输出成果的质量。

3 研发了超大板柔性生产线，在国内外木结构建筑构件加工领域，本生产线率先实现了大尺寸及异形木结构件大批量智能制造，对大型木结构件的加工速度是人工方式的3倍以上，填补了行业空白，技术水平达到了国际领先。在智能制造方面已取得发明专利1项，实用新型专利7项，软件著作权1项。

项目获奖情况

• 2020—2021年度
建筑应用创新大奖

• 2020年度
国家林业和草原局"梁希林科学技术奖"科技进步奖一等奖

两台机械臂一组配合进行加工

遮阳棚胶合木梁安装

装配式木结构安装现场

遮阳棚胶合木梁节点

木梁吊装

屋面保温施工

装配式建筑质量验收方法及标准体系

供稿单位 湖南省建筑科学研究院有限责任公司 ——————————————

项目介绍

　　装配式建筑质量验收方法及标准体系项目针对我国装配式混凝土建筑关键技术和质量验收抽样基数、评价指标不统一等现状，经过19年的产学研联合攻关，解决了装配式节点连接、材料及结构高效无损检测、混凝土抗压强度快速评估量化、预制构件高精度安装、TRIZ创新方法应用、BIM施工管理等关键技术，建立了装配式混凝土建筑质量验收标准体系。本项目是建设资源节约型、环境友好型的典型技术代表，是推动装配式建筑低碳环保、技术革新的技术支撑，对推动中国和"一带一路"沿线国家装配式混凝土建筑发展，具有重要的示范引领作用。项目技术成果在湖南、新疆、上海、深圳、佛山、南京、杭州、昆山等多地示范推广，应用累计288余万m²，节本增效创造产值18.2亿元，间接社会效益100亿元以上。

科技创新与新技术应用

1 装配式建筑混凝土抗压强度快速评估量化。

2 装配式建筑关键节点连接技术。

3 装配式建筑材料及结构的高效无损检测。

4 装配式建筑预制构件高精度安装控制。

5 基于TRIZ创新方法的装配式混凝土新材料与检测技术研发。

6 装配式建筑BIM施工管理技术。

7 装配式建筑安装、施工及检测标准体系创建。

　　项目实施期间，共完成215项成果，其中4项成果经鉴定达到国际先进水平。国家专利76项，出版专著17部，发表论文89篇，制订国家、行业、地方标准21项，颁布新疆维吾尔自治区工法11项，计算机软件著作权登记1项。本项目先后荣获全国建材行业技术革新奖等10余项科技奖项。

采用混凝土强度智能检测仪快速评估量化

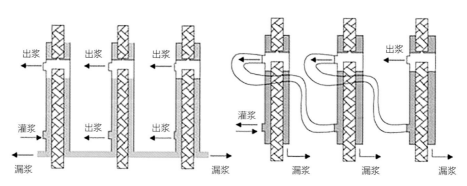

套筒灌浆缺陷发生部位分析

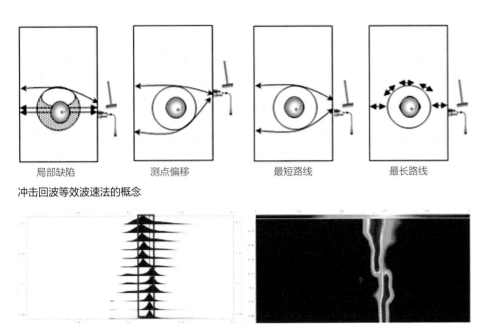

局部缺陷　　　测点偏移　　　最短路线　　　最长路线

冲击回波等效波速法的概念

缺陷尺寸及其位置测试

套筒和插筋位置的快速高精度检测

项目获奖情况

- **2019年度**
  中国创新方法大赛新疆分赛区二等奖

- **2018年度**
  中国专利奖优秀奖

- **2018年度**
  中国工程建设标准化协会标准科技创新一等奖

- **2018年度**
  中国创新方法大赛全国总决赛优胜奖

- **2018年度**
  中国创新方法大赛新疆分赛区二等奖

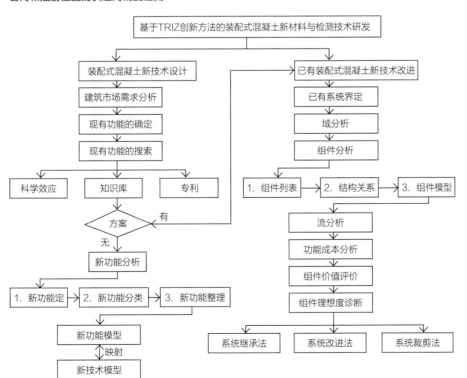

基于TRIZ创新方法的装配式混凝土新材料与检测技术研发

超大超长全装配式停车楼施工技术

供稿单位 中建八局第一建设有限公司 ————————————————

项目介绍

济南万达文化体育旅游城停车楼工程位于济南市历城区，经十东路以南、凤鸣路以西，于2018年10月25日开工，2021年4月28日竣工，工程造价10.04亿元，建筑风格为现代风格，外形采用行云流水造型，与万达茂、冰篮球馆遥相呼应，可同时容纳6000辆车停靠，目前为止是全国最大的装配整体式停车楼。

停车楼地下共2层，地上共5层，建筑总高度24.5m，总占地面积5.34万m²，总建筑面积约18.5万m²，地下建筑面积2.62万m²，地上建筑面积15.88万m²，单层建筑面积近4万m²，单层面积超大，单层各项建筑长度均超过200m。停车楼首层顶板及以上结构设计采用整体装配式结构形式，主要预制构件类型为预制柱、预制梁、叠合板、预应力双T板、预制楼梯等，预制构件总方量超过2万m³。

济南万达文化体育旅游城停车楼全景

科技创新与新技术应用

　　研究形成超大超长全装配式停车楼施工技术体系，包括大跨度预应力双T板抗裂控制技术、多规格构件标准化拆分技术、预制构件接头连接优化技术、云平台深度互联管理技术、组合式模具化生产技术、多规格预制构件运输转换技术、塔式起重机分布群塔协调技术、夹具式自紧限位校正构件定位技术、整体构造蜂窝状脚手架支撑技术、预制梁柱节点快速成优施工技术、光面倒V板缝浇筑镶底技术、梁板无损安装机电管路技术等12项主要技术，在装配式结构深化设计、复杂构件加工与安装、超重构件连续吊装、不规则构件测量与高空定位、大批量构件管理等方面，取得了突破性进展。

项目获奖情况

- 2021年度
  中国建筑业协会建设工程项目管理推广应用二类成果
- 2021年度
  中国施工企业管理协会工程建设绿色建造施工水平评价二星成果
- 2019年度
  第四届建设工程BIM大赛三类成果
- 2021年度
  山东省建设科技创新成果竞赛一等奖

- 2021年度
  山东省建筑节能科学技术奖三等奖
- 2021年度
  山东土木建筑科学技术奖三等奖
- 2021年度
  安徽省工程建设质量管理小组成果三等奖
- 2019年度
  济南市优秀工法奖

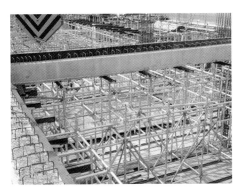

盘扣式架体搭设

预制双T板吊装

预制梁吊装

预制梁柱接头

室内完工效果

外立面完工效果

嘉定行政服务中心新建工程建筑应用创新

供稿单位 中国五冶集团有限公司 ——————————————————

项目介绍

　　嘉定行政服务中心新建工程项目，位于上海市嘉定区政府对面，于2017年9月7日开工，2019年7月30日竣工，总建筑面积62000m²，其中地下共2层建筑面积24000m²、地上共5层建筑面积38000m²，地下建筑为钢筋混凝土框架结构，地上建筑为钢框架—支撑结构。该项目的主要功能包括：市民大厅、受理中心、办公用房、变电所、设备房及地下车库。

　　随着项目的交付使用，进一步优化了政务服务环境，向社会公众提供了更优质、便捷、高效的行政服务；打响了"一网通办"政务品牌，打造了"便捷化改革"窗口品牌，"店小二"服务品牌。该项目在交付运营中，大大减少了市民办事时间，提高了办事效率，增加了群众的获得感、幸福感，随着上海市各区行政服务机构参观活动的多次举办，此地成了嘉定区"网红打卡点"。新中心不仅在窗口布局、服务功能上焕然一新，还成为嘉定又一个地标性建筑，刷新了城市颜值高度。

嘉定行政服务中心全景

科技创新与新技术应用

1 "基于BIM技术的装配式钢结构建筑施工工法"获得冶金行业部级工法证书。

2 形成了"基于BIM的钢柱精确分节吊装方法""一种箱型柱厚板焊接工艺及焊接变形控制方法""棍式幕墙结构及其安装方法"3项发明专利。

3 "基于BIM技术的钢结构装配式建筑施工关键技术研究"科技成果,经中国冶金科工集团有限公司组织召开的中冶集团科技成果鉴定会鉴定,该成果达到了国内领先水平。

4 项目通过了"上海市建筑业新技术应用示范工程"评审,达到了国内先进水平。项目通过了"中冶建筑新技术应用示范工程"评审,达到了国内领先水平。

5 "BIM技术在嘉定行政服务中心EPC新建项目中的综合应用"成果,获得中国建筑业协会颁发的一类成果证书。"降低综合布线系统线管施工返工率"QC成果和"钢结构高强螺栓连接一次穿孔率"QC成果荣获2019年上海市工程建设优秀QC成果。

项目获奖情况

- 2019年度
  上海市建设工程白玉兰奖
- 2020年度
  全国冶金行业工程质量优秀成果奖
- 2020年度
  上海市优秀设计奖
- 2019—2020年度
  中国建筑工程装饰奖

基础阶段施工图

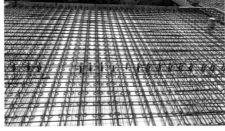

钢楼承板安装

中庭实景

服务大厅内景

外立面装饰实景1

外立面装饰实景2

建筑材料应用创新类

唐大明宫丹凤门遗址博物馆墙板

供稿单位 北京宝贵石艺科技有限公司 ————————————————

项目介绍

唐大明宫丹凤门遗址博物馆位于陕西省西安市，由张锦秋院士主持设计，于2010年完工，该项目建筑面积11474.2m²，外立面面积6500m²，用干式吊挂的安装方式做出表面仿夯土横向纹理的效果，项目共消耗废料390t，这座遗址保护建筑的意义非同一般。

丹凤门是唐大明宫正门，不仅其尺度、体量、规格为隋唐城门之最，正对门楼的大道竟达176m宽，超过唐长安城的主干道朱雀大街，是隋唐都城中最宽的南北大道。在宫殿建筑群体布局艺术上，丹凤门北与含元殿遥相对应的恢宏气势，南眺终南群山映衬的大雁塔雄姿，这些历史上的壮丽景观都是令人为之向往的盛唐梦境。而今丹凤门正对大雁塔这条轴线更成为城市实轴。西安火车站北广场近在丹凤门址正南，丹凤门的位置是向过往火车乘客展示唐大明宫的一个标志性位置。

唐大明宫丹凤门遗址博物馆效果图

科技创新与新技术应用

　　本项目采用工业废料为主要原材料，各项指标经过检测均达到国家环保产品的要求。用固废材料做现代装饰外墙面是一种创新，用泡沫塑料直接做阴膜是一种创新，此项技术的应用降低了工程成本、提高了施工效率、体现了地域文化需求，这个项目向人们展示废料再生利用是潜力无限的，对整个行业起到了示范和推动作用。

项目获奖情况

- 2012年度
  首届中国装饰混凝土设计大赛杰出应用奖

- 2020—2021年度
  建筑应用创新大奖

施工过程图1

施工过程图2

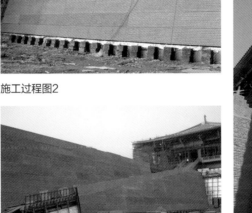

施工过程图4

实景图1

施工过程图3

实景图2

实景图3

北京市南水北调东干渠项目

供稿单位 北京东方雨虹防水技术股份有限公司 ————————————————

项目介绍

南水北调工程——北京市内配套东干渠工程（由团城湖起，亦庄镇终点），共穿越21条主要道路，38座桥梁以及铁路、轨道交通重要设施，总长44.4km，于2014年完成竣工。该工程直接或间接供水水厂规模约占北京市南水北调工程供水水厂总规模的50%，对实现北京市多水源联合调度，保证北京市中心城和新城主要水厂具备双水源条件，保障首都的供水安全及可持续发展等方面具有重要意义。

科技创新与新技术应用

项目采用东方雨虹高品质HDPE高分子自粘胶膜防水卷材及预铺反粘施工方法对该大型输水隧洞进行防水系统的施工。

1 系统防水主、辅材料均以高分子材料为基本成分，无毒无味，符合饮用水输配要求，且通过北京市疾病预防控制中心《生活饮用水输配水设备及防护材料的安全性评价标准》GB/T 17219—1998检测，具有绿色产品认证证书、中国环境标志产品认证证书、中国绿色产品认证证书等，符合《绿色建材评价技术规范防水与密封材料》CTS 07011—2018的AAA级及《绿色产品评价防水与密封材料》GB/T 35609—2017的要求，绿色环保、环境友好。

2 项目产品具有高强度、高延伸变形、耐磨、耐穿刺、耐化学品腐蚀等优良工程性能，可与后浇筑混凝土与胶膜层紧密结合，达到防水层与主体结构的永久结合，满足地下百年防水需求，与建筑同寿命。

3 便捷高效、节能减排。高分子自粘胶膜防水卷材单道铺设，可空铺在基层上，无须保护层、底涂和明火作业，可直接绑扎钢筋、浇筑混凝土，简化了工序，缩短了工程总工期且降低了总的人、材、机消耗，满足一级防水设防要求。

4 施工方法应用方面首创盾构隧洞用无钉铺设防水系统，开发了同幅宽双面自粘辅材，采用"一环一卷"铺贴方案，减少卷材短边搭接，实现了多材多层高分子卷材与管片的无损连接，满足了南水北调北京段东干渠工程"结构内壁无损、内外水不混流、卫生环保"的高要求。

5 项目产品成套技术及工程应用推动了我国建筑防水行业技术进步，研究成果形成发明专利11项，实用新型专利3项。产品被工业和信息化部列入建材工业鼓励推广应用的技术和产品目录（2018年第29号），被住房和城乡建设部列入"建筑业10项新技术"。

项目获奖情况

- **2019年度**
  国家科学技术进步奖二等奖
- **2019年度**
  建筑防水行业科学技术奖（金禹奖）金奖
- **2019年度**
  全国建设行业科技成果推广项目
- **2018年度**
  中国好技术一等奖
- **2013年度**
  建筑防水行业技术进步一等奖
- **2014年度**
  北京市科学技术奖三等奖

施工过程图

低碳硫（铁）铝酸盐水泥在交通基础设施建设中的创新应用

供稿单位　建筑材料工业技术情报研究所

项目介绍

低碳硫（铁）铝酸盐水泥在交通基础设施建设中的创新应用项目在充分发挥我国自主发明的硫（铁）铝酸盐水泥快硬早强、抗冻、微膨胀特性的基础上，通过材料设计与性能优化开发出适用于高速铁路预应力混凝土箱梁架桥机快速架设用的支座灌浆材料、机场跑道修补用快速混凝土修补材料等。这些材料在我国高铁主干线路武广高速铁路、哈大高速铁路、郑西高速铁路以及首都机场、某军用机场等工程中应用，为我国交通基础设施建设做出了重要贡献。这些创新性应用为我国高速铁路建设实现令世界瞩目的"中国速度"，为民用与军用航空起降设施的快速紧急维修、保障国家重大军事活动的顺利进行起到了关键性作用，同时也带动了相关工程与材料领域的技术进步与升级。

科技创新与新技术应用

1　以硫（铁）铝酸盐水泥为基础开发了高流态、高早强、微膨胀的高铁支座灌浆材料，并且进一步研发了适合北方冬期负温下使用的产品型号，为预应力高铁桥梁的快速装配、实现高铁桥梁修建的"中国速度"起到了关键性作用。

2　在充分发挥硫（铁）铝酸盐水泥快硬早强的技术特性基础上，开发了混凝土快速修补材料，实现了民用和军用机场跑道维修快速修复，保障了国内外航班起降和重大军事活动的进行。

项目获奖情况

- 2020—2021年度
  建筑应用创新大奖

（a）架桥机运送预制箱梁

（b）箱梁下落至预定位置

（c）支座定位

（d）灌注浆料

高铁预制箱梁的架设

（a）修补现场

（b）修补后的检查

场跑道的局部修补

君实生物科技产业化临港项目（外喜防水保温一体化系统）

供稿单位 深圳市卓宝科技股份有限公司 ————————————————

项目介绍

上海君实生物科技产业化临港项目由上海君实生物工程有限公司投资建设，位于上海市临港产业区，总建筑占地面积24108.11m²，总建筑面积70672.31m²，钢结构总量约8800t。建筑物分为六个单体：生产车间一、生产车间二、生产车间三、质检车间、公用工程楼、仓库（由常温库房和冷藏库房组成）及建筑物间连廊。基础形式均为独立基础，结构形式为框架结构。作为一家医药企业的生产基地，其内部的设备和医药产品，对于企业来说至关重要，对于国家来说也可以带来巨大的社会效益和经济效益，所以在该建筑屋面的防水和保温上容不得一丝马虎。

君实生物科技产业园实景

科技创新与新技术应用

1 防水保温一体化系统突破了防水、保温行业的界限，很好地弥补了现在防水、保温技术各自为战产生的应用缺陷，通过特殊的生产工艺将优质防水卷材、保温隔热芯层和底衬材料进行结合，实现了"1+1＞2"的效果，有效降低了系统风险，极大地提高了综合节能效果。

2 板材采用配套的湿铺工艺与结构基层达到紧密粘结的效果，能有效消除窜水的风险，从而提高防水系统的可靠性，降低渗漏概率。后期即使出现了渗漏，渗漏点与防水层的破损点也会高度对应，能极大地降低后期维修成本。

3 优化了屋面构造层次，简化了施工工序，节省了施工中的材料成本，同时也降低了屋面的碳排放量。相比于传统屋面做法，此方法工期更短、综合成本更低。

项目获奖情况

- 2021年度
  建筑防水行业科学技术奖（金禹奖）
  金奖

- 2020—2021年度
  建筑应用创新大奖

屋面基层情况复杂

设备基座较多

节点加强处理

边涂刮防水粘结砂浆边铺贴板材

振动碾压排气

板材长短边密封搭接

完工实拍图1

完工实拍图2

低热硅酸盐水泥在国家重大水电工程中应用

供稿单位　中国建筑材料科学研究总院有限公司 ——————————————

项目介绍

　　水工大坝为典型的大体积混凝土，混凝土浇筑完成后，水泥水化释放的热量在混凝土内部不易散失，内外温差过大产生温度应力，致使混凝土结构中出现温度裂缝，既降低了其力学性能，又加速了水中侵蚀性离子侵入，影响大体积混凝土安全性和耐久性。

　　低热硅酸盐水泥具有低水化热、低干缩率、高后期强度和高抗蚀等性能特点，应用于大坝混凝土中，不仅具有早期放热速率慢、水化热总量低、后期强度增长等明显的技术优势，可显著提升混凝土的抗裂性、抗冲耐磨和长期耐久性。经过在国内数十项重大水电工程中的反复试用，最终实现在乌东德和白鹤滩两大超级工程中全坝应用，低热硅酸盐水泥已经被水电工程界誉为"大坝退烧药"，为水工大坝混凝土"温度裂缝"防控这一世界性难题提供了新的解决方案，为保证大型水电工程长期安全运行奠定了坚实基础。

金沙江白鹤滩水电工程全景图

科技创新与新技术应用

1 研究了$CaO-SiO_2-Al_2O_3-Fe_2O_3$体系下多种微量元素与贝利特矿物的固溶及对其多晶转变的影响规律及机制，形成了贝利特矿物活性调控技术，首次解决了贝利特矿物稳定活化的国际难题，成功研制出高强低热硅酸盐水泥。

2 揭示了不同矿物含量、不同MgO含量对水泥强度、水化热和膨胀性能的内在关系，优化设计了低热硅酸盐水泥熟料矿物组成，首次研制出微膨胀低热硅酸盐水泥，并成功开发出方镁石定量分析方法和生产控制的调控技术。

3 阐明了关键工艺参数对水泥熟料烧成和质量的影响规律，形成了低热硅酸盐水泥工业化制备技术，并成功实现了工业化稳定制备。

4 优化设计了大坝混凝土配合比，开发出高性能低热硅酸盐水泥大坝混凝土制备技术，并成功实现在白鹤滩、乌东德、溪洛渡、向家坝、大岗山、枕头坝和沙坪等国家重大水电工程中应用。

5 项目研究成果获国家技术发明二等奖1项，水力发电科学技术一等奖1项，建筑材料科学技术二等奖1项，形成发明专利11项，国家标准1部，论文20余篇。

获奖情况

- 2020—2021年度
  建筑应用创新大奖

白鹤滩水电工程

乌东德水电工程

乌东德水电工程

溪洛渡水电工程

大岗山水电工程

沙坪水电工程

低收缩高强自密实混凝土及其制备方法

供稿单位　中建一局集团第五建筑有限公司、北京中超混凝土有限责任公司 ——————————

项目介绍

　　甘肃会展中心建筑群项目是新中国成立以来甘肃省大型公共建筑"1号工程"，由甘肃省人民政府委托甘肃电力投资集团建设及运营，是丝路文明与现代建筑的完美演绎，是"一带一路"上文化、商贸的新地标。项目位于兰州市黄河外滩中心地段，占地面积13万m²，总建筑面积17.7万m²，总投资20亿元；由展览中心、大剧院兼会议中心、五星级酒店、市民广场和地下公共服务配套设施等五部分组成。会展建筑群建筑设计以"黄河之水天上来"的诗句为创意，通过写意的手法营造黄河之水奔腾直下的磅礴气势和平沙落雁、琴瑟和鸣的诗情画意，传达建筑对于黄河文化和地域特色的敬仰和尊重。

项目获奖情况

- 2014—2015年度
  中国建设工程鲁班奖
- 2015年
  第十三届中国土木工程詹天佑奖创新集体
- 2013年度
  甘肃省建设科技示范工程
- 2013年度
  甘肃省建设科技进步奖二等奖

甘肃会展中心建筑群鸟瞰图

科技创新与新技术应用

1 研发了大宽厚比钢管柱顶升混凝土施工技术。五星级酒店工程为了增大构件刚度及结构跨度，采用大宽厚比钢管混凝土柱，最大钢管柱截面尺寸为1.2m×1.2m，单肢钢柱最大高度达12m，钢板厚度36mm，宽厚比达到33。钢柱内层间隔板数量多、开孔小，比圆形柱更易发生膨胀变形。采用钢管柱内混凝土采用顶升施工工艺、应用低收缩高强自密实混凝土、优化钢管柱内隔板、加强柱身抗弯刚度、多方面监控等措施，有效控制了大宽厚比混凝土钢管柱的膨胀变形，保证了工程质量。"大宽厚比矩形钢管柱顶升混凝土施工技术研究与应用"获得2013年度甘肃省科学技术进步奖。

2 研发了一种低收缩高强自密实混凝土，可降低混凝土由于自收缩而导致裂缝的概率。通过限制石子粒径、降低砂石含泥量、选掺外加剂，控制搅拌时间，确定了8组配合比，经过96次试验数据对比，成功配置出寒旱地区C60顶升混凝土，并通过对钢管柱混凝土顶升模拟试验，对试验柱切割并取样分析，有效验证了试配结果，研究成果形成发明专利1项。"寒旱地区自密实顶升混凝土技术研究与应用"获得2012年度甘肃省科学技术进步奖。

3 系统总结了钢管混凝土顶升法施工中低收缩高强自密实混凝土原材料要求、深化设计与构造要求、混凝土配合比设计与性能要求、混凝土生产与运输要求、混凝土顶升施工等相关技术内容，发布地方标准1项，规范了地方区域内房屋建筑工程的钢管混凝土顶升法施工及质量验收，填补了行业空白。项目获省部级科学技术奖7项，省部级设计奖9项，国家专利4项，省部级工法4项，省部级及以上质量奖8项，核心期刊论文17篇。

大宽厚比矩形钢管混凝土柱

钢管柱混凝土顶升模拟试验

配置寒旱地区C60顶升混凝土

切割取样分析

雄安市民服务中心

供稿单位　深圳蓝盾控股有限公司 ——————————

项目介绍

　　雄安市民服务中心是河北省雄安新区的行政机构，位于容城东部小白塔及马庄村界内，总投资额8亿元，总建筑面积9.96万m²，规划总用地24.24hm²，历时112天蓝图变为现实。

　　项目分三期实施，其中一期开展规划展示中心、会议培训中心、政务服务中心和相关配套建设；二期开展企业办公用房、周转用房和相关配套建设；三期开展管委会办公用房、雄安集团办公用房和相关配套建设。

　　雄安市民服务中心作为雄安新区设立以来的第一个成规模大型建筑群，承担着新区公共服务、规划展示、临时办公、生态公园等多项便民服务功能，它代表着未来雄安新城建设的基本方向，是未来雄安缔造智慧城市、绿色城市的缩影，具有十分重要的样板意义。

雄安市民服务中心全景

科技创新与新技术应用

1 研发了CPC非沥青基耐久反应型高密度聚乙烯自粘胶膜防水卷材，是专门为地下与隧道工程研制开发的一种防水卷材。

2 在防水施工方面，相较传统防水做法，预铺反粘工艺无需找平层、保护层，工序更少，工期更短，造价更低；对基面要求低，无需底涂及基层处理，基层含水率对防水施工无影响；不依赖基层，与后浇筑的结构层牢固结合，不受地基沉降因素的影响，保证了防水效果。

随着"双碳"目标的提出，绿色低碳的高分子类防水材料成为一大趋势。CPC非沥青基耐久反应型高密度聚乙烯自粘胶膜防水卷材作为非沥青基类的高分子防水卷材，不仅具备优异的防水性能，还可采用预铺反粘工艺，单层铺贴即可达到一级防水效果，工序更少，工期更短，造价更低，具有很高的行业推广价值。

项目获奖情况：

- 2018—2019年度
  中国建设工程鲁班奖
- 2020—2021年度
  建筑应用创新大奖
- 2019年度
  全国建设行业科技成果推广项目

预铺反粘施工

预铺反粘施工

底板展示

底板展示

细节处理

细节处理

国家核与辐射安全监管技术研发基地建设项目+
低本底实验室大体量特种混凝土结构

供稿单位 中国建筑一局（集团）有限公司 ————————————————

项目介绍

国家核与辐射安全监管技术研发基地建设项目位于北京市房山区长阳镇，于2015年12月1日开工，2019年6月27日竣工，工程决算5.9亿元，项目由生态环境部核与辐射安全中心兴建，被列入国家发展改革委《关于统筹推进"十三五"165项重大工程项目实施工作的意见》项目清单，是国家级核与辐射安全监管技术支撑平台。

2#实验及综合业务楼地下室设计的低本底铅室和铁室，是我国目前国内行业内现有的第3个低本底实验室。我国没有任何有关低本底实验室的国家和行业规范标准，设计本底值控制目标：低本底铅室采取屏蔽措施后房间正中心位置距离地面1m处空气吸收剂量率≤25nGy/h，设计目标和控制难度比行业另2个已建实验室严格数倍，建成后是我国行业内目前体量最大、本底值最低、配置最先进、精度最高的国内领先、世界一流的低本底实验室。

国家核与辐射安全监管技术研发基地全景图

科技创新与新技术应用

1 研制发明一种低本底值混凝土及其制备方法专利：采用粒径2.36~25.0mm且连续级配的石英砂作为粗骨料、粒径0.18~2.36mm且连续级配的石英砂（中砂）作为细骨料、低水化热和低辐射的核电专用水泥作为唯一的胶凝材料、聚羧酸复合减水剂作为唯一的一种外加剂，配制出强度满足设计要求、本底值低、可泵送、保水性、流动性等工作性稳定的低本底值特种混凝土，攻克低本底值特种混凝土泌水、和易、泵送等难题。

2 研究大体量特种混凝土结构施工过程密实度控制和裂缝预防，邀请行业10位专家论证指导，从模板支撑架体设计、模板安装、混凝土浇筑、大体积混凝土冬期养护及测温控制等系列工序进行工艺技术创新和质量控制，实现特种混凝土结构超厚顶板与超高超厚墙体一次浇筑成型。

3 研究特种混凝土原材料及结构密实度，采取措施降低本底值，低本底特种混凝土结构施工完成后，铅室内最高空气吸收剂量率实测评定值降低至22nGy/h，小于原设计中心位置本底值低于25nGy/h预期限值，已达到实验室全部建成后的最终要求，达到理论上可取消30mm厚铅板屏蔽的超预期效果。

4 经科技成果鉴定，低本底实验室设计及特种混凝土结构建造技术达到国际领先水平。低本底实验室特种混凝土结构施工技术成果形成发明专利1项，建设工程技术发明奖1项，省部级工法1项，全国优秀QC成果2项，全国特种混凝土技术交流会"优秀论文"1篇，核心期刊论文1篇。

低本底实验室施工专家论证研讨会

低本底值特种混凝土现场浇筑面状态

低本底值特种混凝土养护及弹性状态

低本底值特种混凝土实验室试配状态

低本底实验室特种混凝土结构浇筑过程

低本底实验室特种混凝土结构观感质量

项目获奖情况

- 北京市建筑业新技术应用示范工程
- 北京市绿色安全样板工地
- 北京市建筑业绿色施工推广项目竣工示范工程
- 北京市建筑信息模型（BIM）应用示范工程
- 中国建筑业协会第二届中国建设工程BIM大赛三等奖
- 第五届"龙图杯"全国BIM大赛施工组二等奖

2017—2018年度
北京市结构长城杯金质奖

延崇高速公路（北京段）工程第二标段+高分子（HDPE）自粘胶膜防水卷材

供稿单位　远大洪雨（唐山）防水材料有限公司

项目简介

延庆—崇礼高速公路，简称延崇高速，于2019年9月竣工，工程总投资约152亿元，是2022年北京冬奥会重大交通保障项目。

北京段工程起点为北京市延庆区大浮坨村西侧，与兴延高速公路相接，终点在市界处与延崇高速公路河北段相接，全长约32.2km。道路设计等级为高速公路，设计行车速度80km/h，双向四车道，路基宽度28.5/26m。全线设互通式立交桥5座，桥梁21座，隧道11座。全线设管理养护区1处，服务区1处，隧道所1处，主线收费站在延崇高速公路河北段统一设置，北京范围内不设置主线收费站。

本项目为妫水河过河段下穿隧道工程，是明挖隧道，钢筋混凝土结构，防水等级I级，项目主要使用1.5mm高分子（HDPE）自粘胶膜防水卷材，施工部位包括底板、侧墙及顶板。

妫水河隧道

延崇高速公路（北京段）全景

科技创新与新技术应用

1 研发了预铺防水卷材主体片材，并优化了卷材表面防粘减粘材料及自粘层高分子自粘胶料，解决了卷材长期外露老化、胶层黏度大影响后续施工等问题，在保障防水卷材与后浇混凝土有效粘结的情况下提高预铺防水卷材的可施工性能、耐久性能，研究成果荣获"创新成果奖"，被列入"河北省工业新产品新技术开发指导计划"，通过"河北省科学技术成果评价"，该成果水平达到国内领先。目前已获得与该产品相关的发明专利1项，实用新型专利4项，论文1篇。

2 本工程项目底板、侧墙部分采用住房和城乡建设部推广的《建筑业10项新技术（2017版）》中"8.2地下工程预铺反粘防水技术"。此工法相较于传统防水施工做法，更加科学，真正地从地下整体式外包裹防水原理出发，使得防水卷材与后浇筑的混凝土粘结，有效避免层间窜水的渗漏隐患。

项目获奖情况

- 2019—2020年度
  "优质模架工程项目"奖
- 2020—2021年度
  建筑应用创新大奖
- 2018年度
  天津市建筑防水行业技术创新奖
- 2019年度
  北京市建设工程物资协会"创新技术奖"

侧墙外防外贴防水层施工

侧墙外防内贴防水层施工

隧道过河段

侧墙外防内贴防水层施工完毕

底板防水卷材施工

21工程（中国共产党历史展览馆序厅大型漆壁画《长城颂》）

供稿单位　清华大学美术学院

项目介绍

大型漆壁画《长城颂》高15m，宽40m，这幅壁画位于中国共产党历史展览馆序厅东墙。从壁画创作到工程完工历时一年时间。序厅是党史馆重要公共空间，承担着举办重大活动庆典的功能，《长城颂》成为该馆最重要的艺术作品之一。

项目获奖情况

- 2020—2021年度
  建筑应用创新大奖

科技创新与新技术应用

据考证，《长城颂》是目前世界最大的室内漆壁画。壁画由100块2m×3m的铝蜂窝复合板作为壁画的胎板构成画面，降低了工程安装难度，减轻了整体墙面的负荷承载力，画面平整度达到了理想的设计要求，成为此项目创新点。由于传统漆板为手工定制，尺寸不规范、易变形、不防火，若选用传统漆板则画面不平整而且安装难度极高，这幅壁画安装原理选用玻璃幕墙干挂技术安装原理，较好解决了传统漆板的安装难题。由于壁画所处的空间有限，壁画正前方是建筑玻璃幕墙，室外阳光对欣赏壁画有一定的干扰，在工程设计初期，解决漆材料反光是工程难点，通过科研及技术论证和团队的努力，运用有效的工艺处理，使漆材料肌理及哑光工艺处理达到了理想视觉效果，安装后参观者可无盲区欣赏壁画。

漆壁画《长城颂》全景

漆画打样1：10画稿制作

壁画绘制以刀代笔手工刻线

壁画创作

壁画拼装

高清分块拍照拼版图

雁栖湖国际会议中心集贤厅（景泰蓝工艺）

供稿单位 北京清尚建筑设计研究院有限公司 ————————————

项目介绍

雁栖湖国际会议中心位于北京市怀柔区雁栖湖畔，是2014年北京APEC（亚太经合组织）峰会的承办地，并承办了此后的两次"一带一路"峰会。会议中心位于雁栖湖国际会都核心岛的中央，是整个会都的主体建筑，而会客大厅（集贤厅）则是整个峰会的主会场最重要的一个空间。

集贤厅是我国国家领导人与世界各国元首举行圆桌会议的重要场所，是中国首次举办最高规格政治外交活动的礼仪空间。它既要体现中华文明的源远流长，又须展现当代中国人的文化自信，还应体现首都北京的地域特色。景泰蓝工艺则是实现上述目标的绝佳途径，通过对景泰蓝工艺的改良及与建筑装饰装修的创新性应用，集贤厅不仅展现了中国传统艺术的华美，更体现了现代中国的文化自信和壮阔气势。

集贤厅室内整体完成效果

科技创新与新技术应用

1 解决了景泰蓝从传统工艺器皿向大尺度建筑装饰构件的技术应用难题,同时结合建筑空间场景将传统景泰蓝的技法及图案进行创新。

2 改良了传统景泰蓝执着中的鎏金工艺,改为黄铜直接抛光,降低了对工匠身体健康损害,同时也使景泰蓝工艺更大范围的推广变为了可能。

3 将传统景泰蓝工艺创新地应用于建筑装饰中,使得景泰蓝工艺在国内国际上的知名度大大增加,同时也极大地拓展了传统工艺的应用场景。

4 经过不断地创新与实践,景泰蓝工艺在建筑装饰领域的应用已经完全打上了这个时代的烙印,技术的精进,釉料的宽选,火候的拿捏,创新的设计,空间的布局,审美的趣味,也更加光彩夺目,视觉享受方面传承前人的优良做法并有了质的飞越,也成为中国传统工艺最顶尖水平的代表,越来越多地应用于重要礼仪空间的设计和实践之中。

项目获奖情况

- 2014—2015年度
  中国建设工程鲁班奖
- 2015年
  第五届中国环境艺术奖金奖
- 2017年
  第七届中国国际空间设计大赛(中国建筑装饰设计奖)文化/ 教育空间工程类银奖
- 2016年
  第十一届中国国际室内设计双年展铜奖

集贤厅入口

集贤厅景泰蓝壁柱

集贤厅天花景泰蓝圆形藻井斗拱

集贤厅柱头斗拱1

集贤厅柱头斗拱2

集贤厅柱头斗拱3

建筑部品部件应用创新类

超低能耗建筑用铝木复合节能窗及耐火窗

供稿单位 北京建筑材料科学研究总院有限公司 ————

项目介绍

　　超低能耗建筑是新型节能建筑，其降低建筑能耗的理念和须满足人体舒适度的要求符合我国未来建筑发展方向。窗是超低能耗建筑必不可少的重要组成部分，超低能耗建筑用铝木复合节能窗及耐火窗研发符合我国现阶段降低建筑能耗的要求，也将推动超低能耗建筑相关部品国产化的进程，对我国大面积推广超低能耗建筑具有重要意义。基于此，北京建筑材料科学研究总院有限公司联合北京金隅天坛家具股份有限公司，通过材料研究、结构设计及工艺研究，成功研发了超低能耗建筑用铝木复合节能窗及耐火窗，并实现了产业化生产和规模化工程应用。

安装效果图

科技创新与新技术应用

　　超低能耗建筑用铝木复合节能窗及耐火窗从材料、工艺及设计等方面进行研究，整窗传热系数为0.9W/（m² · K），气密性8级，水密6级，抗风压9级，抗结露因子10级，空气隔声性能4级，露点–60℃，耐火完整性＞0.5h，满足超低能耗建筑用节能窗及耐火窗的技术要求并实现了产业化生产和规模化工程应用，生产线产能20万m²/年。项目已获发明专利1项，实用新型专利1项。

1 超低能耗建筑用窗的落叶松集成木材厚度为78mm，松木类的集成材料导热系数通常只有0.13W/（m² · K）；填充聚氨酯保温材料的铝木复合窗框将传热系数由1.8W/（m² · K）降低至1.3W/（m² · K）。

2 采用三玻两腔一中空一真空+Low-E白玻及铯钾防火玻璃的组合构造，传热系数为0.516W/（m² · K），太阳能总透射比为0.522，耐火完整性大于0.5h，满足《建筑设计防火规范（2018年版）》GB 50016中0.5h的耐火标准。

3 采用Unimat 618四面刨，把木材四面刨成平滑的加工材；全自动电脑数控生产线，一次成型，直接生成框材及零部件。

4 木框型材下料完成之后，进行组框，安装连接卡扣，然后安装玻璃，再安装覆铝型材，完成复合窗的组装。

5 铝木复合窗中设计了独特的铝型材结构，优化了披水及暗排水技术，增强了防水及排水性能，铝合金外框及中挺部分采用直拼结构，加强了组装强度。

6 框扇搭接的密封采用了四道密封胶条的设计，形成的3个密封腔室有利于减少气体的对流，大大提高了整窗的气密性。四道密封比三道密封的节能窗具有更好的密闭性能，水密性和抗风压性分别提升一个等级，五个锁点更增加了超低能耗建筑用窗的抗风压性，现超低能耗建筑用窗密闭性能分别是气密性8级，水密6级，抗风压9级，耐火完整性大于0.5h，均达到国家最高标准。

项目获奖情况

- 2016年
  首都职工自主创新成果一等奖
- 2020—2021年度
  建筑应用创新大奖

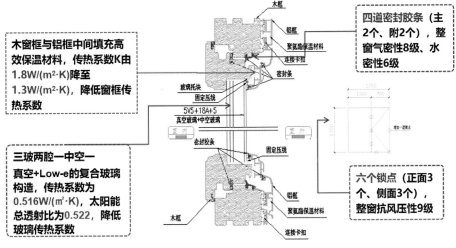

木窗框与铝框中间填充高效保温材料，传热系数K由1.8W/(m²·K)降至1.3W/(m²·K)，降低窗框传热系数

三玻两腔一中空一真空+Low-e的复合玻璃构造，传热系数为0.516W/(m²·K)，太阳能总透射比为0.522，降低玻璃传热系数

四道密封胶条（主2个、附2个），整窗气密性8级、水密性6级

六个锁点（正面3个、侧面3个），整窗抗风压性9级

超低能耗建筑用铝木复合节能及耐火窗结构设计方案

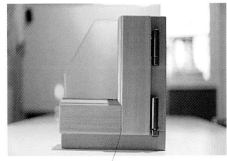

超低能耗建筑用铝木复合节能及耐火窗样角

超低能耗建筑用铝木复合节能及耐火窗

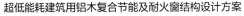

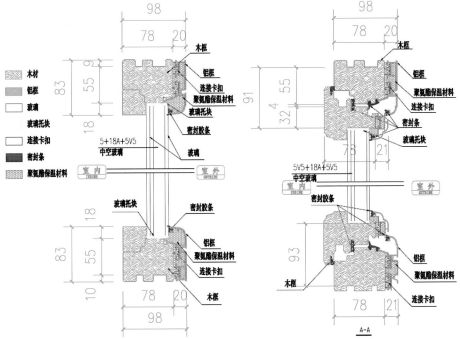

超低能耗建筑用铝木复合节能及耐火窗剖面图

实际应用

浙江新昌县香格里拉（北斗星集成灶入选该精装项目）

供稿单位　北斗星智能电器有限公司 ———————————————————

项目介绍

以浙江省新昌诚茂丽都房地产开发公司的香格里拉精装修项目为依托，联合北斗星研究院和香格里拉工程项目组，通过工程实践和市场调研，研发并采用北斗星集成灶作为香格里拉项目开放式厨房的油烟解决方案。

本项目一期共420套房，建筑面积4668735m²，集成灶安装工程于2020年初开始施工，2020年8月完成验收。北斗星集成灶真正解决了传统油烟机对油烟吸不干净、厨房油烟严重危害身体健康的痛点问题，得到了入户居民的高度好评。

安装完成效果

浙江新昌县香格里拉项目实景

科技创新与新技术应用

1 更健康：采用锅沿近吸、油烟下排技术，实现"零油烟"。运用微空气动力学原理，形成强大负压区域，将油烟和蒸汽不经人体呼吸、在未扩散前得到分离并彻底排除，油烟吸净率在99%以上，真正实现"零油烟"厨房，开放式厨房结构成为一大亮点。

2 更安全：采用智能物联技术，米家APP智能管家功能。当老年人忘记关火，导致燃气泄漏，北斗星集成灶在自动切断气源的同时，会把信息发送到子女手机上，手机会强制报警。同时集成灶还配备了十大安全防护功能：智能防火墙功能、气敏热敏报警功能、防燃气沉积设计、双重过温保护、漏电保护、漏气保护、旋钮童锁、意外熄火保护、童锁功能、主板过热保护。

3 易清洁：独创不锈钢台面一体成型工艺，解决清洁痛点。厨房除了油烟，第二大痛点就是清洁问题。北斗星首创"天一无缝"台面一体成型工艺，无缝R角，使得集成灶的头部吸烟区和燃气灶之间的衔接没有缝隙，避免油烟杂物渗漏进灶具内，避免滋生细菌，彻底解决了厨房电器难以清洁打理的难题。

项目获奖情况：

- **2018年度**
  中国集成灶十大影响力品牌
- **2018年度**
  绍兴市第五届工业设计大赛产品设计银奖
- **2019年度**
  日本优秀板金制品技能大奖
- **2019年度**
  绍兴市第六届工业设计国际邀请赛（产品设计）铜奖
- **2019年度**
  中国设计红星奖（集成灶A1）
- **2020年度**
  第七届绍兴市工业设计国际邀请赛——佳作奖
- **2021年度**
  中国集成灶十大品牌

集成灶效果图

不锈钢台面

现场安装

歇山式仿清代古屋面综合成套施工技术

供稿单位　中建八局第一建设有限公司 ——————————————————————

项目介绍

　　歇山式仿清代古屋面综合成套施工技术依托于哈尔滨工程大学青岛校区项目。项目于2019年2月1日开工，2021年6月30日竣工，总建筑面积约27万m²，工程造价13.4亿元，共计7个单体，其中11#楼、41#楼、51#楼采用仿古屋面建筑形式，其正脊平直、翼角稍翘、装饰豪华而不繁缛，"笑天虎吻"屹立正脊，彰显歇山屋面庄重威严，举架线赋予了仿古屋面独有的风貌，通过巧妙地设计将威严的歇山屋面与下方现代建筑完美结合，将古建文化以高校建筑为载体加以传承发展，作为军民融合区首个高校引进项目，还肩负着建设海上实验场、高端人才基地、世界一流大学、科技成果转化和产业化基地的重要使命。

项目获奖情况

- **2020年度**
  中建八局第一建设有限公司科技成果奖一等奖

- **2020—2021年度**
  建筑应用创新大奖

哈尔滨工程大学青岛校区鸟瞰图

科技创新与新技术应用

1 自主研发了工字钢悬挑做主梁，工字钢下方做型钢斜撑、上拉钢丝绳的新型操作平台。形成高空超大重载异型悬挑飞檐梁板支模施工省级工法。

2 研制了机械化九举歇山屋面铺浆装置、"T"型固定钢筋、快易挂瓦铜丝等装置，开发了新型琉璃瓦铺装技术，形成省级工法1项"大跨度九举歇山式仿清代古屋面施工"，发明专利1项"一种斜屋面挂瓦铺浆装置及施工方法"。

3 采用数字化、自动化、"BIM+技术"及"部品化设计+拼装技术"，形成了复杂仿古构件高精度生产、加工及安装技术，研发了缩短仿古屋面椽条施工工期的施工技术（国家级QC）。研究成果形成论文5篇。

预制椽条施工

斗拱拼装模拟

彩绘拍谱子

上拉下撑悬挑钢平台

铺瓦施工完成效果

啸天虎吻安装及彩绘施工效果

11#楼立面效果

装配式架空地面系统产品

供稿单位 北京国标建筑科技有限责任公司 ——————————————

项目介绍

北京城市副中心职工周转房项目C1标段作为北京市政府的重点项目，是城市副中心搬迁过程中的重要保障项目之一，项目体现"创新、协调、绿色、开放、共享"的理念，在规划设计中充分考虑到居住与自然环境的融合。

北京城市副中心职工周转房项目C1标段场地位于北京市通州区东部，南邻北运河新堤路，东临宋梁路。本项目总建筑面积约为7万m²（装修工程：二标段及三标段，1~9#住宅楼），装修总套数1230套。

建筑的结构形式为筏板—混凝土结构；建筑功能主要以住宅和配套商业为主，地上部分首层商业层高4.5m、夹层层高2.5m，住宅楼层层高均为3m。

北京城市副中心职工周转房项目C1标段全景

科技创新与新技术应用

项目中采用的装配式架空地面系统由可调节金属支撑螺栓、基层板、平衡板和地暖模块构成。该系统具有以下特点：

1 本地面架空系统作为地面基层部品，可适用于各种类型面层材料，如木地板、瓷砖、石材、WPC/SPC地板等。有效解决了脆性面材（瓷砖、石材）在与架空地面结合时开裂的问题。

2 可结合干法地暖，形成干法地暖架空地面系统。

3 架空地面系统与结构地面之间采用有粘接，提高水平方面的稳定性。

4 橡胶底座可以减少人在走动过程中对地面的冲击，起到减震、隔声作用。

5 调平方式简单，施工速度快。

螺纹金属地脚螺栓　　　　四齿金属地脚螺栓

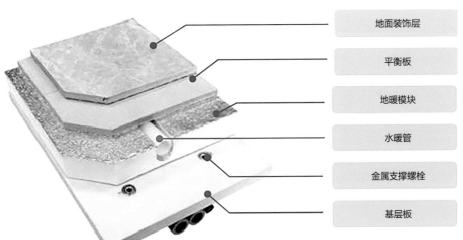

地面装饰层
平衡板
地暖模块
水暖管
金属支撑螺栓
基层板

国标公司架空地面体系构造模型图

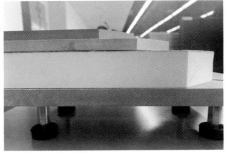

实物1

实物2

地暖层铺设

架空地板铺设

厨房空间实景

卧室空间实景

设备设施应用创新类

歌尔科技产业项目一期（机电安装施工机器人研究与应用）

供稿单位　中建八局第一建设有限公司

项目介绍

歌尔科技产业项目一期工程位于青岛市崂山区，北依崂山，西临滨海大道，总建筑面积16.4万m²，主要功能性质为科研办公楼，地下2层，地上17层，建筑总高度85.1m，工程于2016年8月30日开工，2020年7月20日竣工。项目包含的机电工程为通风与空调工程、建筑电气工程、建筑给水排水及采暖工程。

科技创新与新技术应用

本项目研发出（1）能节省工时、高效焊接且尺寸小的便携式管道焊接机器人；（2）能避免高处作业且单人操作的混凝土楼板钻眼机器人；（3）能根据风管尺寸，自动计算切割尺寸且能保证保温严密的橡塑保温板下料机器人；（4）能自动定位，高效焊接管段与法兰、弯头、三通的管道自动定位焊接机器人；（5）能快速一次成型，合缝平整严密、能单人手持使用的风管自动合缝机器人。随着不同功能机器人的应用，解决了当前机电安装行业存在的技术短板，实现了智慧建造，解决了人工操作效率低下、质量无保障等缺点。研究成果形成专利14项（其中实用新型专利9项，发明专利5项），工法2项。

歌尔科技产业项目效果图

地下室机电管道排布

裸顶区管线

锅炉房水泵房

风管合缝机器人

消防泵房

第二代焊接机器人

保温下料机器人

法兰自动焊接机器人

法兰自动焊接机器人

制冷机房

楼板钻眼机器人

项目获奖情况

- 2021—2022年度
  中国安装工程优质奖（中国安装之星）

- 2020—2021年度
  中国安装协会科学技术进步奖一等奖

- 2020—2021年度
  建筑应用创新大奖

附着式升降脚手架（TSJJ50型）

供稿单位 北京韬盛科技发展有限公司，乾日安全科技（北京）有限公司 ────────

项目概况

山东省济南市省会文化艺术中心于2020年1月竣工。项目由1栋34层主塔楼及其6层裙房、2层整体地下车库组成，西塔楼及东塔楼基础形式为后压浆钻孔灌注桩，地下车库基础形式为预应力混凝土管桩。总建筑面积213922m²，地上部分建筑面积159563m²，地下部分建筑面积54359m²，其中西塔楼34层，建筑高度为165.5m，为框架—核心筒结构；东裙房6层，高度为40.1m，为框架—剪力墙结构；地下车库2层，结构类型为框架结构。

本项目使用附着式升降脚手架（TSJJ50型）针对结构主体外立面不包含电梯井顶层的施工防护架，架体提升至主体结构施工封顶后进行高空拆除（不进行下降作业）。此类脚手架特点是机位点多，架体使用面广，架体承重分散（施工荷载3步2kN，2步3kN），各建筑外形适用性、通用性高。

山东省济南市省会文化艺术中心项目

科技创新与新技术应用

应用于工程项目中的附着式升降脚手架（TSJJ50型）采用乐高式设计，各建筑外形适用性通用性高，构配件标准化率95%，远高于行业70%的平均水平；水洗维护再循环使用，绿色环保；产品整体维保，成本每次节约60%，其创新性包括以下几点：

1 附着式升降脚手架防坠落附墙支座设计：多点多重防坠设置，各点受力均衡。

2 智能化系统，爬架专用智能主控箱、分控箱设计及可视化手持遥控终端设计，控制系统智能精准，超重和欠载15%报警，超重和欠载30%自动停机。

3 全自动机械化防坠落装置，无论提升下降还是使用过程，全天候备用。

4 创新积木式构件设计，积木化理念设计，构件工具化，标准化，适用于各种楼型和层高，构件重复周转使用率高达95%。

5 升降动力系统选型设计，选用7.5t电动葫芦，将电动葫芦、下吊点与架体及导轨固定连接，电动葫芦实现随架体提升，升降前后不再需要移动电动葫芦，大大节约人工劳动量，降低劳动强度。

6 人性化理念设计，体验良好，密封完整，各层通畅无阻碍，竞争优势在于减少高空坠物风险，利于工人作业；绿色环保理念设计，表面热浸锌处理，构件水洗再循环使用。

获奖情况

● 2020—2021年度
建筑应用创新大奖

项目施工图

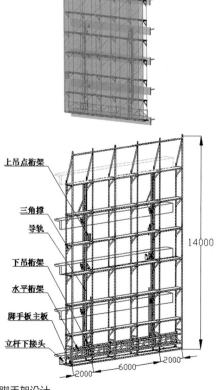

脚手架设计

其他应用创新类

五方科技馆

供稿单位 河南五方合创建筑设计有限公司 ————————————————

项目介绍

五方科技馆位于河南省郑州市二七区郑州建筑艺术公园，于2018年1月开工，2019年1月竣工，是中原地区首个近零能耗建筑示范项目，具备展示交流、会议培训、办公及居住体验等功能，旨在打造成为面向国内外近零能耗建筑技术交流与推广的综合服务平台。

五方科技馆总建筑面积约4000m²，由河南五方合创建筑设计有限公司自主投资建设，采用更适合近零能耗建筑建设的"建筑师责任制+全过程咨询+EPC"管理模式，有效保证了项目的施工质量及预期效果的实现。

五方科技馆全景

科技创新与新技术应用

五方科技馆采用的近零能耗建筑技术体系主要包括：

1 高标准外墙保温隔热系统，建筑外墙平均传热系数低至0.18W/（$m^2 \cdot K$）。

2 高性能门窗+外遮阳，外门窗传热系数达到0.8W/（$m^2 \cdot K$），综合运用建筑自遮阳及智能化遮阳百叶技术。

3 良好的气密性，建筑气密性实测达到N_{50}=0.17/h。

4 近无热桥设计，创新性地采用断热桥阳台等，重要热桥节点均采用软件进行模拟分析，不断寻优。

5 高效热回收新风系统，新风系统显热回收率高于75%，多级过滤，具备湿度调节功能。

6 自然通风和自然采光综合运用，采用大面积落地窗及采光天窗等，有效提高了自然采光面积。

7 可再生能源运用，采用光伏、地源热泵等绿色能源及技术为建筑提供电力和热力。

8 设备、照明智能化控制和管理，配备智能开关控制照明，搭建能源智控云平台，对建筑用能及可再生能源发电进行管理控制。

项目研发成果形成标准7项，发明专利10余项，应用新型专项10余项，软件著作权20余项，论文20余篇。

项目获奖情况

- 第七届Construction21国际"绿色解决方案奖"
- 2019年度
  "中美合作——中国好建筑"优秀实践案例
- 2020年度
  河南省建设科技进步一等奖
- "十三五"国家重点研发计划近零能耗公共建筑示范工程

外保温层施工

外窗施工

会议厅内景

断热桥阳台施工

屋面防水及断热桥施工

休息区内景

基于信息化和BIM的无人机三维实景技术

供稿单位 广东精宏建设有限公司 ——————————————

项目介绍

黄冈中学新兴学校项目位于云浮市新兴县新城镇惠能中学东侧，占地面积14.67万m²，总建筑面积15.76万m²，其中装配式建筑面积2.23万m²，是广东省粤西地区面积最大、装配率最高的建筑装配式混凝土项目。装配式实施范围包含6栋塔楼，采用了6种预制构件，分别为：预制柱、预制外墙板、预制叠合梁、预制叠合板、预制楼梯、预制内隔墙，按照《装配式建筑评价标准》GB/T 51129—2017，各栋塔楼装配率分别为60.64%（J10、J18、J19栋）、61.70%（J14~16栋），达到A级装配式建筑标准。

建筑实景

黄冈中学新兴学校项目全景

科技创新及新技术应用

1 研发了基于信息化和BIM的无人机三维实景技术，将场地或建筑转换为信息化模型，并开发了BIM4D三维实景进度管控平台，实现了项目三维实景展示、远程项目进度管控、工程回溯以及远程工程测量，以可视化、实景化的方式保证了施工进度和工程质量，解决了传统工程管控效率低、管理成本高、信息管理零碎等问题。研究成果形成软件著作权10项，省级工法1项，获广东省土木建筑学会科学技术奖1项、云浮市科技进步奖1项。

2 研发并应用了装配式混凝土构件钢筋冷挤压套筒连接节点施工技术，节点体系基于钢筋冷挤压套筒连接技术，将成熟的机械连接与新工艺相结合而成，实现了预制柱的快速对接连接，节点受力等同现浇，保证了结构的可靠度。研究成果形成发明专利1项，实用新型专利3项，软件著作权2项，省级工法1项，广东省土木建筑学会科学技术奖1项。

项目获奖情况

- **2020—2021年度**
  国家优质工程奖
- **2020年**
  首批国家《装配式建筑评价标准》范例项目
- **2020年度**
  广东省建筑工程"金匠奖"
- **2020年度**
  广东省建设工程项目施工安全生产标准化工地
- **2020年度**
  广东省房屋市政工程安全生产文明施工示范工地
- **2020年度**
  广东省土木工程詹天佑故乡杯奖
- **2019年度**
  广东省建设工程优质结构奖
- **2019年度**
  广东省装配式建筑示范项目

预制构件吊装

预制叠合板安装

预制外墙板安装

预制构件安装完成情况

行政楼内部装饰效果

礼堂内部装饰效果

北京城市副中心项目基于BIM技术的智慧工地精细化管控平台应用

供稿单位　中建一局（集团）第二建筑有限公司 ─────────

项目介绍

北京城市副中心行政办公区B1、B2工程位于北京市通州区潞城镇，是北京市住房和城乡建设委员会、北京市发展和改革委员会的办公用房，是副中心行政办公区一期工程的重要组成部分。副中心行政办公区是疏解非首都功能、落实首都城市战略定位、融入京津冀协同发展的标志性工程，是典雅庄重、和谐亲民、智慧高效、绿色环保的示范性行政办公区，集中展现首善之区的品位和形象。B1建筑东西长171.5m，南北宽135.1m，檐高35.3m；B1建筑面积83982.42m²，地上部分建筑面积51608.35m²；地下室连为一体，地上由三栋主楼和五栋裙房组成，主楼与裙房由连廊连接。B2建筑东西长171.5m，南北宽142.41m，檐高30.6m；B2建筑面积86854.65m²，地上部分建筑面积51219.05m²；地下室连为一体，地上由四栋主楼和四栋裙房组成，主楼与裙房间由连廊连接。主楼主要为办公、会议用房；裙房是会议及多功能用房；地下2层为餐厅、设备用房、车库及辅助用房。

B1工程全景

B2工程全景

科技创新与新技术应用

1 提出了钢柱无缆风绳安装校正技术，对于超高层钢结构的安装，在保证质量安全的基础上，无缆风绳施工技术的应用将会提高其效率、节约其成本。不仅仅是钢柱的安装，转换桁架的安装、特殊网架结构形式的安装也可以进行相应的拓展，需要遵循相应的受力原理，故此种小工具及施工技术能够应用在更多的钢结构工程领域，也会带来更多的方便及益处。研究成果形成实用新型专利1项。

2 提出了钢筋桁架楼承板电伴热混凝土冬期施工技术，在冬期施工阶段，取消楼层四周封闭的措施，将电伴热及挤塑板设置在钢筋桁架楼承板下方，同时电伴热带及挤塑板可以周转使用，节约了四周封闭的劳动力、材料的投入，间接减少高空作业，保证了劳动人员的安全。研究成果形成省部级工法1项，技术鉴定1项，论文1篇。

项目获奖情况

- **2018—2019年度**
  中国建设工程鲁班奖
- **2017年度**
  中国钢结构金奖
- **2017年度**
  全国建筑业绿色施工示范工程
- **2017—2018年度**
  北京市结构长城杯金质奖
- **2019—2020年度**
  北京市建筑长城杯金质奖

结构全景

大空间钢框架

地下混凝土结构

钢框架

玻璃采光顶高大空间

成都露天音乐公园+大跨度拱支双曲抛物面索网结构建造关键技术应用创新

供稿单位　中国五冶集团有限公司 ────────────────

项目介绍

　　成都露天音乐公园项目位于四川省成都市熊猫大道与三环路交汇处，项目占地569亩，总投资10.5亿元，于2017年12月开工，2019年3月竣工，是一座以露天音乐广场为主题，蕴含青春、激情、动感色彩的地标性城市公园。公园内双拱索膜主舞台可容纳4.7万观众并拥有亚洲最大的穹顶天幕，是目前世界最大的全景声半露天半室内双面剧场。

　　主舞台双面剧场由7字形桁架、月牙形罩棚和拱支双曲抛物面索膜结构组成，独创了两个独立的结构，完成一个建筑的双面开合功能。穹顶天幕结构主体为大跨度五边形断面钢结构双曲斜拱支双曲抛物面索网结构，拱跨180m，拱高47.5m，拱顶间距90m，拱脚采用重力式抗推基础，基础尺寸为18m×14m，平均深度为25.73m，基础单次混凝土浇筑量达3800m^3。

成都露天音乐公园项目全景

科技创新与新技术应用

1 研发了"大跨度五边形断面钢结构双曲斜拱信息化精准安装控制技术",解决了大跨度五边形断面钢结构双曲斜织施工全过程的精准控制难题。研究成果形成发明专利1项,实用新型专利2项,软件著作权2项,省部级工法2项,论文1篇。

2 研发了"超厚(18m)大体积混凝土与巨型钢构件一体化施工裂缝控制技术",通过构建钢筋、型钢支撑及巨型钢构件共同组成的温控体系,解决了超厚大体积混凝土裂缝控制难题。研究成果形成发明专利2项,实用新型专利3项,论文1篇。

3 研发了双曲抛物面索网提升张拉及巨型斜拱协同卸载工艺,通过施工时变力学模拟分析和智能监测,优化索网提开张拉工艺,解决了索网提升张拉与斜拱协同卸载控制难题。研究成果形成发明专利1项,省部级工法1项,论文2篇。

项目获奖情况

- 2018—2019年度
  四川省优质工程奖
- 2021年度
  中国钢结构金奖
- 2020—2021年度
  中国建设工程鲁班奖
- 2021年
  第十九届中国土木工程詹天佑奖

拱段吊装

斜拱合拢

索网提升张拉

斜拱卸载

看台内景

场馆内景

延安宝塔山游客中心大型纤维艺术陈设《宝塔山·黄土魂》

供稿单位 清华大学美术学院

项目介绍

延安宝塔山游客中心位于我国陕西省延安市，延安城东地，延河之滨，在山上可鸟瞰延安整个城区，它是革命圣地延安的重要标志和象征。延安宝塔山游客中心暨宝塔山景区保护提升工程项目由清华大学建筑学院设计，以缝合山水，修复生态作为设计的出发点，保留并修复场地内有价值的建筑遗存，让原有场地的记忆贯穿于整个设计中。其中，游客中心室内面积最大的"宣誓大厅"，是一个有仪式感与功能性的象征场域。"宣誓大厅"高大的四壁，宽敞的空间，为艺术陈设带来了创作中的激情荡漾。《宝塔山·黄土魂》的主题创作是基于清华大学美术学院纤维艺术研究所20年的产学研实践探索经历以及国家社科基金项目——纤维艺术应用之美课题研究成果，在主题定位，材质选择，工艺制作，形式特征，功能作用等方面做了深度的思考与探讨，融合汇聚了当代建筑师、室内设计与纤维艺术家的思想、理念、情感，倾力营造出有西北乡土气息，有黄土高原氛围、有地域文化特色的诗意空间与精神家园。

《宝塔山·黄土魂》实景图1

《宝塔山·黄土魂》实景图2

设计图

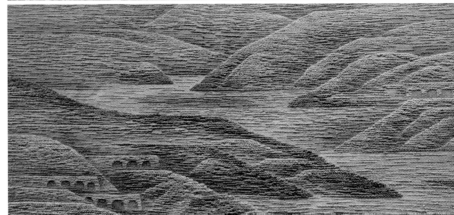

近景图

科技创新与新技术应用

1 构思引领，作品实现创作主题、材料与技术相统一的原则，将中国纤维艺术与传统、当代文化相结合，辅以绿色理念、环保材质、古老技艺、当代工艺，这几种元素浑然一体，气韵生动，如同一曲耳熟能详的信天游，宏壮中不失细腻。助力了纤维艺术教育及研究，根植于民间文化沃土的薪火承传。

2 材料创新，以麻与毛为媒材，区别于传统的快干性的植物油调和颜料，开辟毛麻传统产业新思路，选择天然羊毛和黄麻纤维为主要材料，纯手工编织和安装现场再创作，整个项目是绿色的、环保的、可持续性的。

3 传统工艺与西方技法的结合，采用西北传统手作中的缂毛及栽绒簇绒、毛绣等起花方法，一改艺术设计创作对西方技法的借鉴使用，整个作品完全使用当地特色的编织技术。

4 形式创新，在艺术表现上突出两种媒材（粗麻与温润羊毛天然媒材）的本质特征，作品保留了媒材的自然肌理，具有天然的艺术性。作品不仅有起伏跌宕的视觉肌理，更是在人声鼎沸时有吸音降噪的物理功能。

5 装饰新颖，作品将材料美、工艺美、形式美、应用美与功能性、主题性、时代性、创新性的中国纤维

艺术融入建筑应用空间和多种多样的文化创意推广平台，为建筑装饰行业科技创新扩宽了新的发展思路。

项目获奖情况

• 2020—2021年度
建筑应用创新大奖

智能建筑管理系统开发和应用

供稿单位　中国五冶集团有限公司 ————————————————

项目介绍

　　智能建筑管理系统开发和应用项目的载体为重庆仙桃数据谷工程。智能建筑管理系统（IBMS）利用现代信息技术将各独立子系统连成一个有机的整体，以提高系统维护管理能力。目前，国内外IBMS软件因自身固有缺陷，大多无法完全满足当前大型智能建筑对系统集成管理的需求。该项目针对目前国内外IBMS现有不足，重点开展了构建分布式系统、实时处理智能建筑海量数据交互、实现基于Web的跨平台跨终端人机交互三方面技术难题的攻关，最终形成了新一代IBMS系统。

科技创新与新技术应用

1 开发了一套高效的RPC通信技术

　　RPC是智能建筑管理系统通信的核心部分，其性能至关重要。目前分布式调用RPC技术各厂商采用各自的专用通信协议，没有统一的通信标准，几乎没有扩展性和开放性，与第三方系统兼容性差。

　　基于传统RPC和现代Restful通信框架概念，通过HTTP+JSON协议，开发了一种新的RPC通信框架，实现了分布式应用程序在远程方法调用时兼顾通信效率、协议开放性、开发效率的需求。该分布式微服务框架通过接口描述元数据获得接口信息，支持对象接口自描述；客户端采用多种语言如C#/JAVA/ C++/ C/ JS/ GO 等编写，具有广泛的系统兼容性，适用基于Web的JS程序进行服务调用，支持多种底层通信协议和对象序列化协议；结合Restful和Web Service优点创建了一种新的接口调用方式，提高了系统通信效率，简化了程序部署，可定制优化组件性能；创建服务容器，使得内置服务的安装和运行更容易管理。

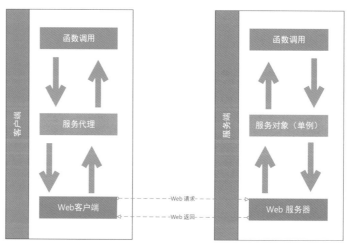

RPC服务调用流程

　　项目研发的RPC，可读性好，支持防火墙，同时兼顾了程序的性能和开发者的习惯，确保传统应用程序（C/S模式）可以和Web程序使用同一套通信协议，同一个通信平台，使得程序能够像访问本地系统资源一样去访问远端系统资源，降低了程序的复杂性，提升了开发效率，减低了开发成本，可作为网络通信基础构架广泛应用。

2 开发了一套满足百万级点位的数据交互物联网平台

物联网数据交互平台是IBMS系统数据处理的核心，其数据的处理能力直接影响系统管理设备及端口的规模。目前，传统IBMS很难满足大型建筑或园区对机电设备所产生海量数据的管理需求。

基于分布式总线和负载均衡技术，开发了一套满足百万级点位数据交互物联网平台。该平台借鉴工业自动化中OPC的多个思路，但抛弃了OPC中基于COM/DCOM繁复的访问方法，通过简单高效的Web API方式进行外部访问；基于树形节点的平台结构设计几乎可无限扩展数据管理节点；客户端通过采用HTTP长轮询的方式进行请求订阅，形成高效的数据订阅机制，提高了通信效率；通过增加或缩减物联网平台应用部署的数量，形成与项目应用大小相匹配的业务集群，利用Nginx对外提供服务，为底层设备和Web组态平台提供数据支持，满足整个系统数据交互的要求，实现更大的数据容量，更快地程序响应速度。

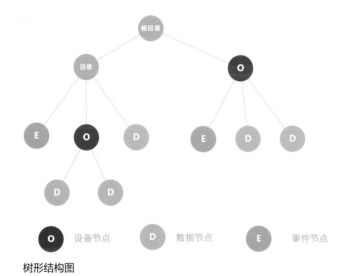

树形结构图

分布式物联网平台，是整个系统数据交互的核心，实现设备或网关与平台的数据交互，Web应用程序与平台的数据交互等功能，可作为物联网应用的基础平台广泛部署。

3 开发了一套智能建筑多平台人机界面显示功能的Web组态软件

目前最有前景和最先进的Web前端开发技术是HTML5技术。HTML5是下一代Web标准，图形组态软件是监控组态软件的核心部分。目前，组态软件基于Win32API+GDI进行开发，界面显示效果差，无法支持矢量图形，无法做到跨系统平台工作，只支持Windows系统；同时多数传统IBMS系统不支持手机或平板设备等移动应用，不具备现代程序所必需的功能特征。

将HTML5引入工控图形组态软件设计。基于HTML5标准和SVG技术，运用面向对象设计思想，设计图元编辑操作界面，实现一套能在多种PC浏览器支持下运行的组态编辑画面；运用HTML5的Canvas技术，实现在客户端层面进行监控画面的绘制，解决了组态画面放大缩小不失真的问题。

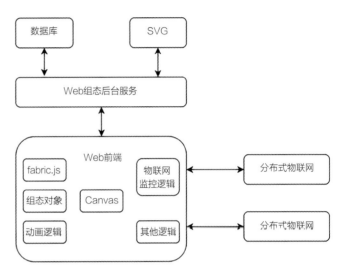

Web 组态技术原理结构图

基于HTML5的人机界面组态技术，内置支持多种图元，支持自定义矢量图形，支持SCADA和电子地图组态，实现了智能建筑管理系统跨平台跨终端人机互动的功能特点。

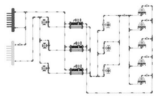

空调机组组态效果展示图　　　　　某建筑某楼层门禁系统展示图

项目获奖情况

● **2020—2021年度**
建筑应用创新大奖

北大红楼与中国共产党创建综合主题展项目
（第一包——装饰装修、布展陈列工程）

供稿单位 北京清尚建筑装饰工程有限公司

项目介绍

为庆祝中国共产党成立100周年，展示中国共产党创建时期北京革命活动的光辉历史，2021年6月开始在北大红楼举办《光辉伟业 红色序章——北大红楼与中国共产党早期北京革命活动主题展》。

科技创新与新技术应用

1 总体设计： 主题展分布在北大红楼一、二、三层的68间展厅内，展线比较复杂。展览大纲作者和设计师经过精心策划，做到了六个部分内容环环相扣、导览清晰、互相呼应，高潮迭起，节奏优美。在设计及施工过程中用新观念、新材料、新技术，在设计视觉效果方面表现形式，以历史的红线再现党建100年的光辉历程，同时紧扣主题、统一规划设计、统一部署，通过各种有效方式营造庆祝建党百年氛围，讴歌党的丰功伟绩。

2 空间设计： 主题展的内容反映中国共产党早期北京革命活动的历史，力求参观展览与瞻仰北大红楼并重，力求将展览的空间结构要素融入建筑的本体。对原有的建筑要素尽量不遮挡，在门窗与暖气前设置展板的地方使用金属格栅或木格栅构建展墙结构，保持楼道原有风貌，激发观众对革命先贤的追思与敬仰。

3 版式设计： 遵从构图与比例遵循一定的数学规律法则，注重版面效果

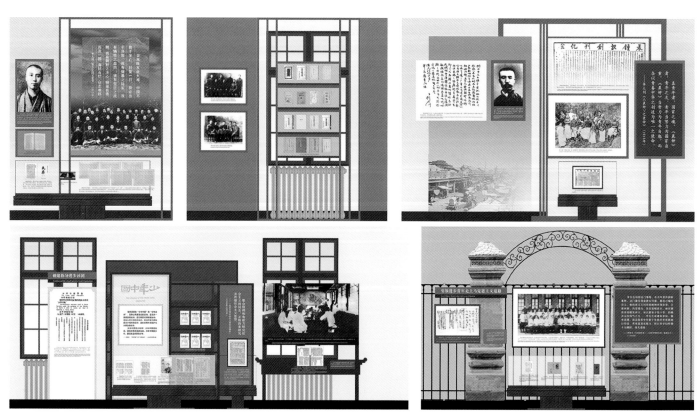

陈列馆设计、施工及完成图

的整体性、系统性，文字、图片、底图整齐有序、线索清晰、虚实结合。以"时光流逝"为阴线，突出对比原则，展现元素的差异化；文案排版采用重复原则，整体协调美观文案；同时将关联的文案或者元素相互靠近，形成一种亲密的关联，使文字本身形成了一种特殊的装饰艺术，生动形象地揭示了展览的思想内涵。

4 **文物陈列设计：** 陈列布展过程中，力求展览的各个要素融入建筑，打造建筑与展陈协调统一的红楼主题展览。按照文物保护要求和人体工程学的规律，在充分研究文物材质形态的基础上量身定制每一件文物的道具。

5 **多媒体艺术设计：** 在传统触摸屏技术基础上，还使用了"从静态图片转换为移动视频"与"交互式滑轨"等创新的触摸屏技术。触摸屏界面共1700余张，形成了本展览庞大的数字化知识体系。两组全息影像《北大红楼》与《五四运动》利用有限空间生动传神地再现了觉醒年代的历史。

6 **人性化设计：** 力求展览版面、文物陈列、多媒体展品的尺度符合观众参观的视觉规律，所有图片文字清晰可见。调节展厅的光环境与音响，做到舒适宜人。在一至三层东西走廊设置六组观众休息区。

项目获奖情况

• **2020—2021年度**
建筑应用创新大奖

陈列馆施工及完成图

苏州中心——"未来之翼"超长异形网格结构

供稿单位 中亿丰建设集团股份有限公司 ——————————————

项目介绍

苏州中心"未来之翼"项目位于苏州市工业园区CBD中轴线最主要的节点，是苏州东部综合商务城的核心和制高点，与东方之门组成一个整体，形成风格统一的面向金鸡湖的城市建筑群形象。苏州中心"未来之翼"是目前世界上最大的整体式自由曲面钢网格屋面，采光顶屋面面积共35710m²，其中玻璃屋面面积22561m²，铝百叶13149m²，屋顶薄壳结构东西向展开跨度达693m，南北向展开跨度达270m，钢结构网格的树杈支撑距离平均约为8m，支撑的最大跨度为50m，也是世界上最大的无缝连接多栋建筑采光顶之一。

未来之翼夜景

苏州中心"未来之翼"鸟瞰图

科技创新与技术应用

1 研创了新型节点、抗放结合的支承边界构造措施和异形曲面参数化找形分析技术，解决了超长异形网格结构找形分析及与主体结构变形协调的难题。

2 提出了基于计算机虚拟安装的分析方法和现场单元安装与杆件补缺相结合，以避免安装误差累积的综合解决方案，实现了复杂曲面空间网壳的加工建造；研发了在跨运营地铁上方大跨移动式钢桁架安装平台，将钢结构自重及施工荷载传递至两侧混凝土结构，解决了结构交叉重叠与跨地铁施工作业的施工技术难题。

3 通过数字化技术，对超长玻璃幕墙温度变形精细化分析以及板块阶差、纵向半径分布、超规格板块分析，创新设计了缝宽达50mm的胶缝构造，解决了长度达470m的金属格栅与玻璃组合的幕墙变形和抗渗漏的难题。

4 项目研究成果形成发明专利7项，实用新型专利21项，软件著作权7项，省级工法2项，论文6篇，专著1部。

项目获奖情况

- **2020年度**
  华夏建设科学技术奖一等奖
- **2020年度**
  江苏省土木建筑学会土木建筑科技奖一等奖
- **2018—2019年度**
  中国建设工程鲁班奖
- **2018年度**
  "LEED"金奖
- **2017年度**
  全国建筑业绿色施工示范工程
- **2017年度**
  江苏省建筑业新技术应用示范工程

大跨度移动式钢桁架安装平台

树形柱钢结构施工

网壳钢结构安装

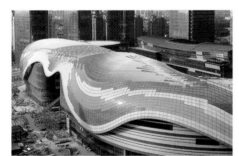

双曲面玻璃安装

中庭幕墙夜景

商业内景

上海市上生新所

供稿单位 上海万科企业有限公司 ————————————————————

项目介绍

　　上海市上生新所位于上海市延安西路1262号，内有孙科别墅、哥伦比亚乡村俱乐部、海军俱乐部及附属泳池等优秀历史保护建筑和多栋工业建筑，其前身为上海生物制品研究所。2016年上海万科与上海生物制品研究所成功签约，负责对建筑整体进行改造更新与运营，并将项目重新命名为上海市上生新所。项目旨在打造国际化活力文化艺术生活圈，形成鲜明的以文化、艺术、时尚和新媒体为特色的主题定位，集文化、创意办公、商业、餐饮、零售于一体，成为上海市民工作、休闲、消费、娱乐的新场所。

上生新所茑屋书店

科技创新与新技术应用

1 园区的改造更新注重保留其多样性，避免因纯粹出于"喜新厌旧"的审美要求而进行的整齐划一式改造。哥伦比亚总会建筑和孙科住宅均遵循真实性、最小干预和可识别性等原则，通过立面和重点保护空间的修复使之恢复历史风貌和特征。历史建筑"活化"设计的重点是结合建筑特色来"量体裁衣"配置功能，通过区分重点保护空间和非保护空间，以牺牲设备的最短路由来最大化避免设备的负面干扰，从而在保护优先下提升建筑的安全性和舒适性。

2 哥伦比亚总会主楼与体育馆修缮前的外墙饰面存在大面积的涂料覆盖、空鼓脱落等劣化。通过清洗、修补等多种试样比选，采用传统的黄沙水泥压毛工艺翻做外墙饰面，使建筑原本的粗犷带有乡村感的外观特点得以延续。而对于外墙饰面保存较好的体育馆北立面，最大程度的保留了原饰面，修补部分与原饰面的嵌铜条分隔，新旧饰面共同呈现，略显差异却不显突兀。

龙鳞纹外立面修缮

屋面防水卷材铺贴

哥伦比亚总会主楼修缮前后对比

游泳池修缮前后对比

项目获奖情况

- 第二届上海市建筑遗产保护利用示范项目
- **2018年度**
  中国城市更新论坛——年度之选
- **2021年度**
  澎湃城市更新大会最佳活力街区
- 克而瑞城市更新十大优秀实践者
- **2021年度**
  长三角城市更新贡献奖

橡树智慧工地AI平台

供稿单位　河南橡树智能科技有限公司、开大工程咨询有限公司 —————————————

项目简介

　　区别于传统工地现场管理模式，橡树AI智慧工地的管理体系是以工程总承包管理理念为核心，以项目现场基础管理工作的标准化为基础，以数据的全周期全过程覆盖为要求，整合众多前沿技术的功能体系，而打造的全方位、全生命周期的智慧建造智联平台。该系统以"一站式智能化"的思想，统一采集工地各智能设备数据，集成标准化数据，对数据进行自动储存、上传与分发，对项目基础信息进行更新维护，对智能设备进行统一的管理配置，形成了项目侧唯一的数据集成管理端。

项目获奖情况

- **2019年度**
  环境攻坚工作示范施工企业
- **2020—2021年度**
  建筑应用创新大奖

科技创新与新技术应用

1 **易部署、易扩展、实时安全的隐患监测、分析、反馈、预警系统**

（1）搭载多种安全识别算法，实现标准化施工管理

孔洞智能识别　　明火烟雾智能监测　　塔吊安全智能监测

升降机安全智能检测　　　　临边防护稽查

工地安全隐患识别功能组

安全帽智能监测　　反光衣智能识别　　安全带智能识别

抽烟智能监测　　　　越界入侵防盗检测

工地施工标准化管理功能组

（2）系统实时联动环境监测与除尘设备，实现智能绿色施工

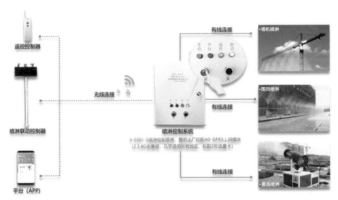

围墙喷淋联动　　　　塔吊喷淋联动

环境监测一体化单元管理　　智能雾炮联动　　洗车系统联动

绿色施工——环境监测及喷淋系统功能

喷淋系统架构图

2 人、车、物——体化管理体系

（1）采用国际领先的动态人脸识别技术，大大提升识别效果

（2）一站式智能布控应用，标准化管理项目现场

布控系统提供简洁、完善的人、车、物实时监控界面。

劳务人员智能管理　　人员轨迹智能追踪　　外来人员智能管理

班前培训智能　　　　安全培训班

人、车、物智能布控管理功能组（部分）

3 项目进度智能分析管理体系

（1）项目施工进度智能分析管理

系统将工地的计划进行拆分并录入系统节点，并对各节点工作计划的状态进行更新和标注（未开始，进行中，已完成，已逾期），系统再按列表以及树节点形式展示工地进度计划。

人员数据管理一览

项目航拍实景

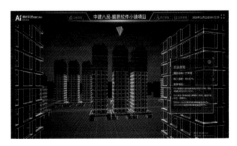

项目建筑3D模型嵌套

（2）自然语言准确分析工程进度

系统采用自然语言处理算法对工地人员上传的日报进行分析，同时生成时间段界面图供管理人员进行后期的问题跟踪与管理。

自然语言准确分析工程进度

通风空调系统金属风管严密性关键技术

供稿单位 陕西建工安装集团有限公司 ————————————————

项目介绍

通风空调系统应用广、存量和增量大，是大型建筑必不可少的"呼吸系统"，广泛应用于公共建筑和工业建筑。其能耗占公共建筑能耗40%～50%，是建筑最主要的能耗"大户"，是节能减碳研究的焦点。"通风空调系统金属风管严密性关键技术"依托西安交通大学科技创新港科创基地项目。

西安交通大学科技创新港科创基地科研教学实验室

科技创新与新技术应用

1 创新发明了补偿式q型密封条及其配套的薄钢板法兰连接系统新技术，实现了法兰有一定的间隙或倾斜角度工况下，密封功能持续可靠。在管节法兰正常连接状态下密闭效果优越，在管节法兰异常连接状态下，表现出明显的补偿性能。

2 首创出对试验压力和工艺质量缺陷不敏感的耐压连接技术，提高了高压系统金属风管的严密性。

3 首次提出了工程设计阶段采用综合设备、风管机配件的附加漏风量替代已经使用40余年的附加漏风率的方法。

4 开发出金属风管本体转角缝结构密封技术和实弯合缝新工艺，摒弃了传统的空弯合缝工艺，消除了沿风管长度方向的泄漏通道，实现了风管本体结构密封。同时将合缝工艺噪声降低了30dB（A）以上。

5 针对传统的风管严密性检测时，采用听、摸、飘带、水膜或烟捡漏判断漏风部位的方法，在检测实践中存在种种不适甚至无法应用的情况，创新发明出采用红外热成像仪、风速仪及定位标尺的检漏方法。

本项目的研究成果形成发明专利3项，实用新型专利7项，省级工法2项，论文2篇。配套研制了实现以上新技术的风管自动生成线，已成功应用于4个工程。

项目获奖情况

- **2021年度**
  中国安装协会科学技术进步奖一等奖
- **2020—2021年度**
  建筑应用创新大奖

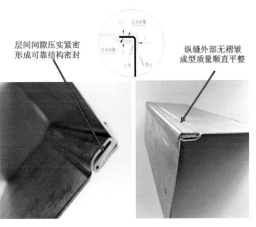

弯管工艺

风压 1500Pa　标准值 1.3572 [m³/(h.m²)]
　　　　　　　实测值 0.4863 [m³/(h.m²)]
　　　　　　　实测/标准=35.83%

风压 1600Pa　标准值 1.4154 [m³/(h.m²)]
　　　　　　　实测值 0.5071 [m³/(h.m²)]
　　　　　　　实测/标准=35.83%

实测漏风量对于风压增加"不敏感"

测量风压

工厂制作图

实际应用

新建徐盐铁路宿迁站（异型空间偏载桁架曲面滑移施工工艺）

供稿单位 中铁电气化局北京建筑工程有限公司 ————————————————

项目介绍

　　宿迁站位于江苏省宿迁市，工程项目于2018年11月8日开工建设，于2019年12月16日开通运营。站房最高聚集人数为2000人。站房建筑面积25500m²，为线侧式旅客站房，站房主体建筑东西长152.6m，南北长53.55m，最高高度34.9m，站房结构形式为钢筋混凝土框架结构+钢框架结构，屋面采用钢管桁架结构。站场规模为2台6线，站台雨篷建筑面积9944m²，站台天桥建筑面积1997m²，雨篷结构形式为钢筋混凝土结构，局部为钢结构；天桥结构形式为钢结构。站房屋盖由12榀纵向主桁架及9榀次桁架组成，通过焊接连接，屋面上下弦布置有上下两道圆管及内支撑，整体屋面为东西对称结构，屋面主桁架之间的屋脊造型由中心向四角放射，屋脊长88m，屋面最高点与最低点高差11m。

宿迁站全景

科技创新与新技术应用

1 利用CAD、Tekla等数字化技术软件，提前模拟现场施工情况，确保钢结构分段满足现场安装需求，及时发现与土建施工有冲突的部位加以优化，并以此技术手段设计滑移轨道，进行滑移模拟，为屋盖桁架施工创造了条件，保障现场安装质量和安全。

2 设计研发了异型空间桁架累积滑移安装轨道结构。依托既有框架结构设计研发合理的滑移工装系统，开展有效的测量监测，使得实施过程中桁架经历立面曲线轨道的下坡、上坡行走，可顺利就位。

3 开发了异型空间偏载桁架曲面滑移施工工法。在桁架立面曲线累积滑移实施过程中，通过合理的轨道设计、分单元滑移、同步控制、实时监测、防溜装置等一系列技术措施，确保了滑移工装系统和桁架杆件在滑移过程中的安全稳定，缩短了工期，顺利完成屋盖施工。

项目获奖情况

- **2020年度**
  中国钢结构金奖
- **2021年度**
  全国优秀焊接工程一等奖
- **2021年度**
  江苏交通优质工程奖
- **2021年度**
  宿迁市"项羽杯"优质工程奖

主体框架施工

滑移拼装胎架安装

屋盖桁架拼装施工

屋盖桁架滑移施工

累积滑移完成

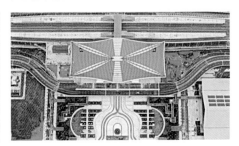

宿迁站鸟瞰图

严寒地区汽车行业涂装车间废水处理工程
关键技术研究与应用

供稿单位 中国建筑一局（集团）有限公司 ————————————————————

项目介绍

　　华晨宝马汽车有限公司第七代新五系建设项目污水处理站位于沈阳市大东区东三嘴子14号，于2014年5月开工，2017年3月竣工，工程决算2950万元，项目建成后深受使用单位及社会的好评，设备运行良好，可有效地解决服务区域的水污染问题，可改善城市市容，提高卫生水平，保护人民身体健康。同时，可改善区域投资环境，使工业企业不会再因水污染而影响发展，吸引更多的外商投资，促进城市经济发展。

华晨宝马大东建设项目鸟瞰效果图

科技创新与新技术应用

1 采用德国ATV标准，优化了工艺设计参数，使AO工艺设计的关键参数适用于严寒地区汽车行业涂装车间污水处理，出水指标达到一级A排放标准。研究成果形成专利1项，工法1项，论文1篇。

2 研发了生物除臭系统中的气体升温循环装置和带加热恒温系统的多层生物滤池，有效地解决了严寒地区冬季生物除臭效果差的关键技术难题，实现有害气体达标排放。研究成果形成专利1项，论文1篇。

3 改进了AO系统调试方法，缩短了曝气池活性污泥培养与污泥驯化的时间，提高了污泥的性能。研究成果形成专利1项，工法1项，论文1篇。

项目获奖情况

- **2020—2021年度**
  建筑应用创新大奖

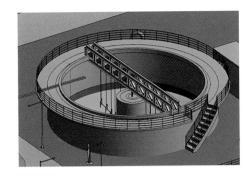
污泥浓缩池

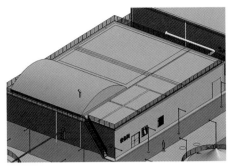
综合水池

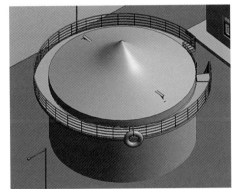
二沉池

索膜反吊安装

气体升温循环装置

脱水机房

曝气池活性污泥培养

武汉轨道交通11号线（盾构管片智能化生产关键技术应用）

供稿单位　中电建铁路建设投资集团有限公司 ———————————————

项目介绍

武汉市轨道交通11号线东段工程是武汉光谷腹地的第一条地铁，线路全长19.697km，共设车站13座，均为地下车站，其中换乘站3座，设车辆段、主变电所、控制中心各1座。牵引供电制式采用DC1500V接触轨供电。车辆采用A型车6列编组，最高运行速度为100km/h。工程自2014年10月28日开工，2017年12月12日竣工，项目总概算144亿元。

工程项目难度大，未来三路站位于高承压岩溶富水区，应用新型注浆装置及充填工艺，有效保护了"活灵泉"的生态环境；项目风险大，全线3次下穿高速公路，5次下穿高铁、普铁铁路，6次下穿建（构）筑物，8次下穿超高压燃气管道，其中部分区间为连续350m半径S形小曲线，施工采用创新技术措施，实现盾构穿越期间高铁不降速，结构物"零沉降"。

盾构管片厂全景

科技创新与新技术应用

1 岩溶承压强富水地铁基坑施工关键技术。提出"外截内堵，分区实施"新工法，首次在武汉地区成功实施了基坑"截堵结合"和泉水保护的综合处治成套技术。

2 高性能地铁盾构管片智能化生产技术研究与应用。构建混凝土管片生产智能蒸养温度控制系统，研发可全流程信息采集的双层水养系统和管片生产智能管理系统，研制管片全自动翻转运输机和管片外弧面自动抹光机。

3 盾构侧穿350km/h高速铁路桥梁桩基综合技术研究。提出了同孔联测法监测盾构隧道周边土体深层水平及竖向位移方法，采用实时远程监测等综合技术，有效控制了高铁桥梁基础沉降。

4 大型地铁换乘站与地下管廊综合体共建及车站免装修施工关键技术。建立基坑变形风险区域识别的空间分析方法，实现了基坑变形风险识别、介入、评价的动态管控；应用水电大体积混凝土施工技术，建成了武汉地铁首个免装修车站。

本项目研究成果形成发明专利38项，省部级工法15项，省级QC成果10项。

项目获奖情况

- 2018—2019年度
  国家优质工程奖

- 2019年
  中国施工企业管理协会工程建设科学技术进步奖

光谷火车站"光之魅"

光谷五路站"裸装之美"

光谷七路站外景

出入线高架桥

盾构区间实物布置全景

左岭站交叉渡线